普通高等教育“十二五”规划教材

工程制图习题集

全腊珍　张淑娟　主编

中国农业大学出版社

内容提要

本习题集根据教育部最新制定的工程制图课程教学基本要求，按照面向21世纪科技发展对农业工程类人才培养的需要，结合作者多年教学研究及实践的成果，借鉴国内多所院校近年来教学改革的经验，以总体优化制图教学和提高学生工程设计表达能力为目标编写而成。

本习题集内容清楚、深入浅出，图例典型、绘制规范、清晰，易学易懂，具有较强的实用性，以培养学生徒手绘图、尺规作图、计算机绘图实践能力为重点。主要内容有：制图的基本知识、基本几何元素的投影、立体的投影、组合体、轴测投影、机件的表达方法、标准件与常用件、零件图、装配图和计算机绘图。

本习题可作为高等农林院校近机类各专业少学时机械制图教材及同等要求的自学读者使用，也可供其他类型院校相关专业选用。

图书在版编目(CIP)数据

工程制图习题集/全腊珍，张淑娟主编．—北京：中国农业大学出版社，2010.7（2019.9 重印）

ISBN 978-7-5655-0045-9

Ⅰ．①工… Ⅱ．①全…②张… Ⅲ．①机械制图—高等学校—习题 Ⅳ．①TB23-44

中国版本图书馆 CIP 数据核字(2010)第 141018 号

书　　名　**工程制图习题集**

作　　者　全腊珍　张淑娟　主编

策划编辑　张秀环　　　　**责任编辑**　屈江燕
封面设计　郑　川
出版发行　中国农业大学出版社
社　　址　北京市海淀区圆明园西路2号　　**邮政编码**　100193
电　　话　发行部 010-62818525，8625　　读者服务部 010-62732336
　　　　　　编辑部 010-62732617，2618　　出　版　部 010-62733440
网　　址　http://www.cau.edu.cn/caup　　**e-mail** cbsszs@cau.edu.cn
经　　销　新华书店
印　　刷　河北华商印刷有限公司
版　　次　2010年8月第1版　2019年9月第3次印刷
规　　格　787×1 092　16开本　9印张　120千字　插页2
定　　价　29.00元

编委会名单

主　编：全腊珍　张淑娟

副主编：李季成　赵聪慧　杜宏伟

编　者：（按姓氏拼音顺序排序）

杜宏伟　青岛农业大学

贾爱莲　山西农业大学

贾友苏　北京农学院

李季成　东北农业大学

刘冬梅　东北农业大学

全腊珍　湖南农业大学

熊　瑛　湖南农业大学

杨启勇　山东农业大学

张淑娟　山西农业大学

赵聪慧　山西农业大学

前　　言

本习题集根据教育部最新制定的制图课程教学基本要求，按照面向21世纪科技发展对高等农林院校农业工程人才培养的需要，结合作者多年教学研究及实践的成果，借鉴国内多所院校近年来教学改革的经验，以总体优化制图教学和提高学生工程设计表达能力为目标编写而成。

本习题集以培养学生徒手绘图、尺规作图、计算机绘图实践能力为重点。主要有以下特点：

（1）采用国家最新颁布的技术制图、机械制图、计算机绘图等有关国家标准，并根据课程内容的要求穿插于教材中。体现了鲜明的时代特征。

（2）强调基础理论以应用为目的，为图示服务的观念，删减和降低了画法几何部分内容和难度。

（3）机械图部分强调“零装结合”，通过典型部件识读和绘制零件图和装配图，并以培养读图能力为重点。

（4）采用最新的 AutoCAD 软件，培养学生利用现代工具绘图的技能。

本习题集内容清楚、循序渐进，图例典型规范、清晰易懂，具有较强的实用性。

本习题集由湖南农业大学全腊珍教授、山西农业大学张淑娟教授主编，参加编写的有全国6所农业院校的10位老师。编写分工如下：湖南农业大学熊瑛编写第1章；山西农业大学贾爱莲编写第2章、山东农业大学杨启勇编写第3章；山西农业大学赵聪慧编写第4章；东北农业大学刘冬梅编写第5章；北京农学院贾友苏编写第6章；青岛农业大学杜宏伟编写第7章；山西农业大学张淑娟编写第8章；湖南农业大学全腊珍编写第9九章；东北农业大学李季成编写第10章。

与本书配套的教材也同时由中国农业大学出版社出版，可供选用。

在本习题集编写过程中参考了国内同类教材，从中得到了很多信息和启发，在此表示诚挚的谢意。

由于水平有限，书中难免存在问题，恳切希望读者提出宝贵意见和建议。

编　者

2010年6月

目　　录

第 7 章　标准件与常用件

第 8 章　零件图

第 9 章　装配图

第 10 章　计算机绘图

班级　　　　姓名　　　　学号

1.1 字体练习

1) 汉字练习(按照字例写长仿宋体)。

国 家 标 准 机 械 制 图 校 核 审

电 子 科 技 汽 车 数 控 自 动 化

字 体 工 整 笔 画 清 楚 间 隔 均 匀 排 列 整 齐

壳 体 端 盖 叉 架 轴 套 螺 钉 齿 轮 连 接 键 销 轴 承 零 件 装 配

2) 数字及字母练习。

ABCDEFGHIJKLMNOPQRSTUVWXYZ

abcdefghijklmnopqrstuvwxyz

0123456789

班级　　　　　　姓名　　　　　　学号

1.2 线型训练练习

1) 在指定位置画出各种图线（按1∶1）。

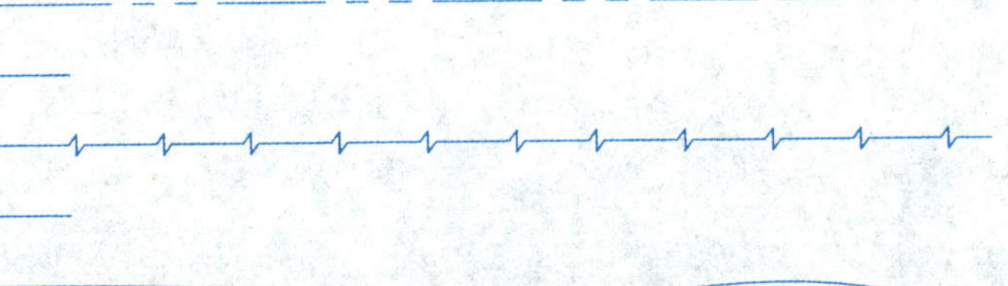

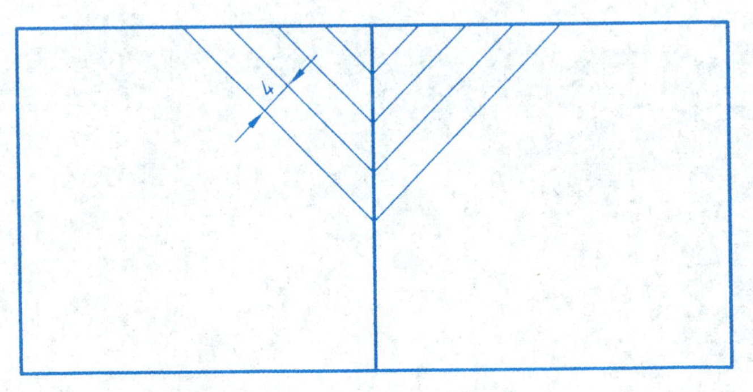

2) 在指定位置画出如下图形（按1∶1）。

1.3 尺寸标注练习

1) 在给出的线性尺寸和角度尺寸的尺寸线上标注尺寸(尺寸数字从图上按1∶1量取并取整数)。

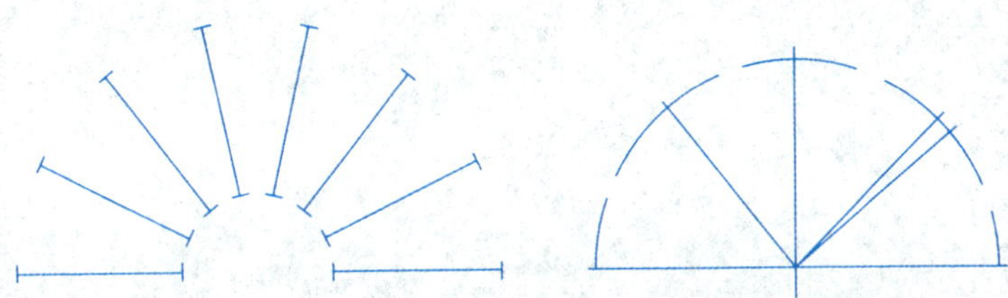

2) 在下列图形中标注尺寸(尺寸数字从图上按1∶1量取并取整数)。

(1)标圆弧半径

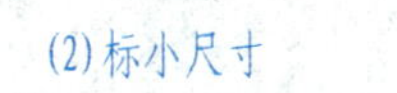

(2)标小尺寸

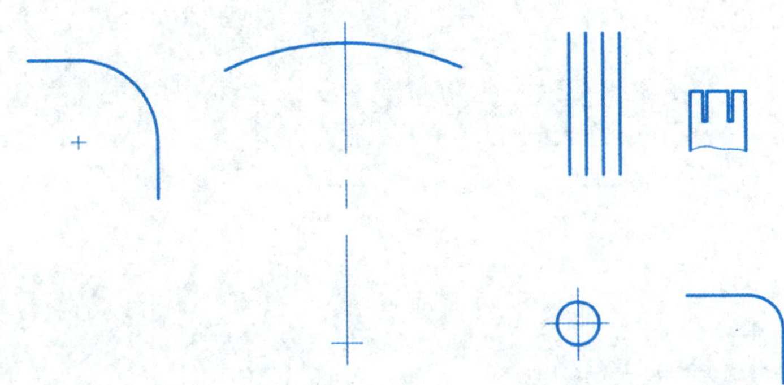

3) 在对称图形上标注尺寸(尺寸数字从图上按1∶1量取并取整数)。

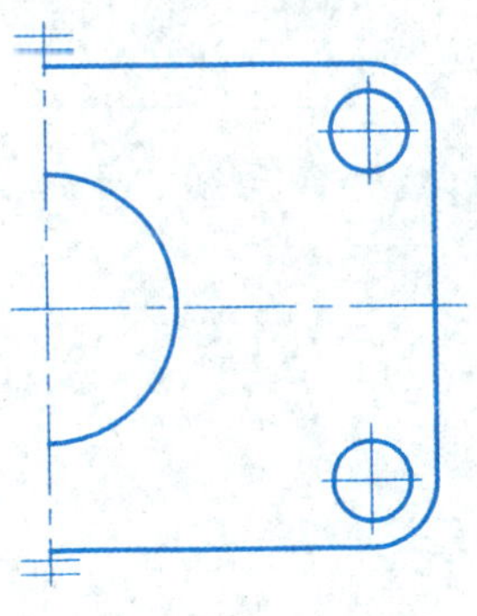

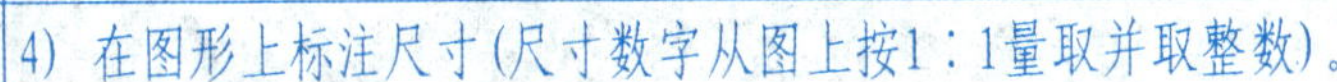

4) 在图形上标注尺寸(尺寸数字从图上按1∶1量取并取整数)。

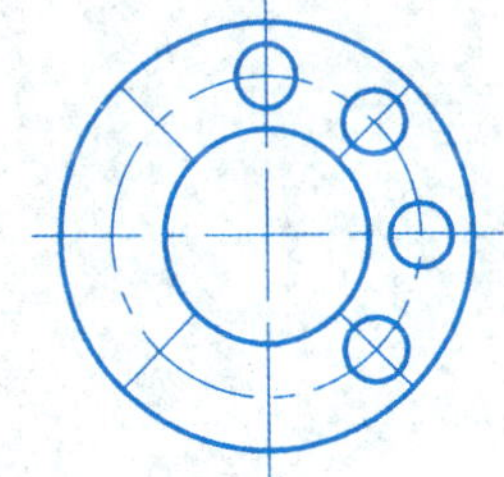

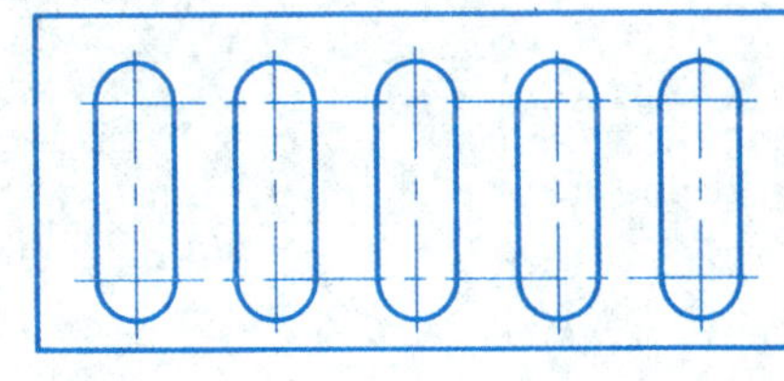

1.4 几何作图练习

1) 在指定位置作正五边形和正六边形。

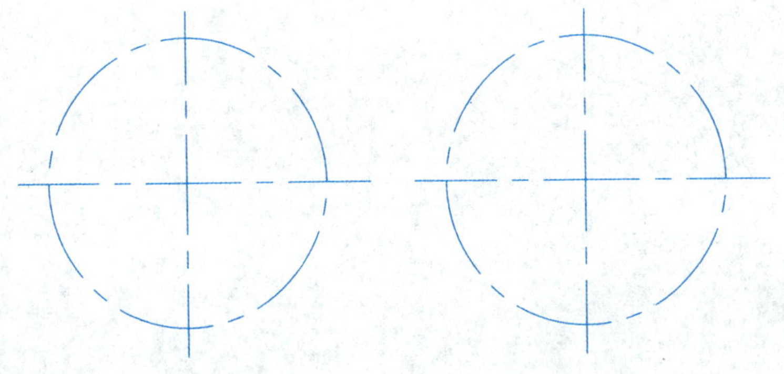

2) 画近似椭圆，长轴为60mm，短轴为30mm。

3) 用2∶1的比例在指定位置抄画如下图形，并进行标注。

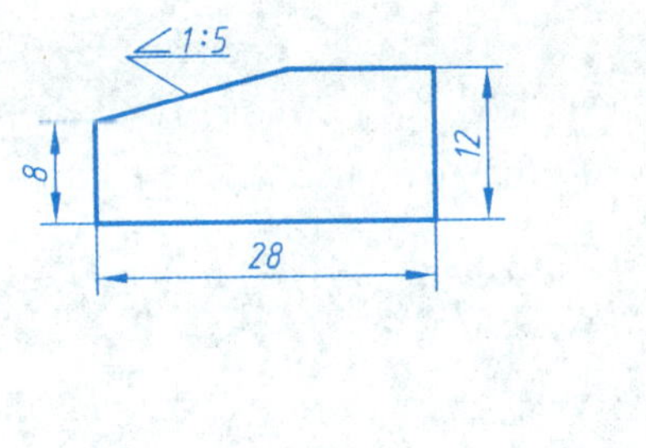

4) 用1∶1的比例在指定位置抄画如下图形，并进行标注。

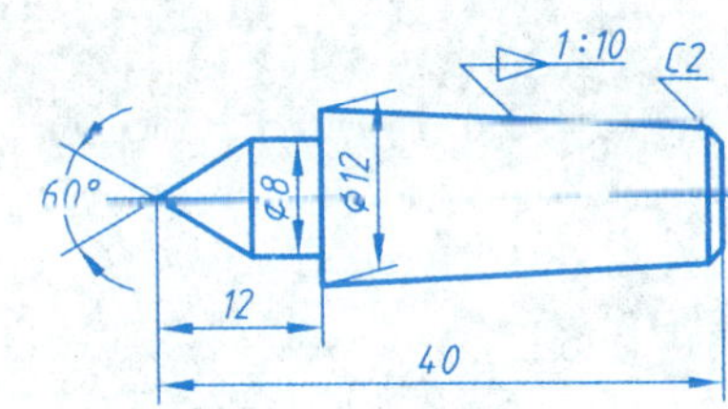

1.4 几何作图练习（续）

5）用1∶1的比例在指定位置抄画图形，不标注尺寸。

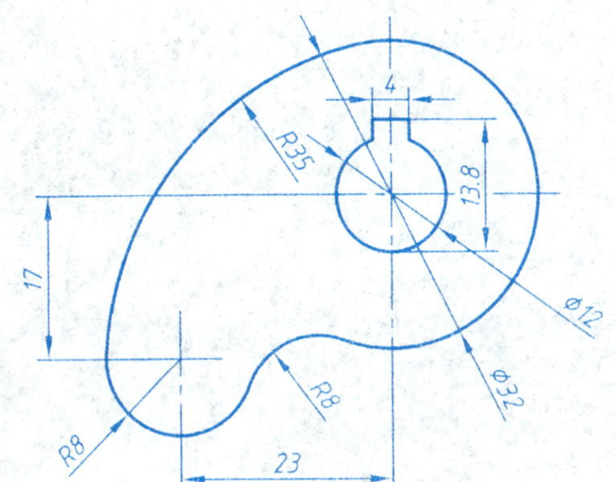

6）用1∶1的比例在指定位置抄画图形，并标注尺寸。

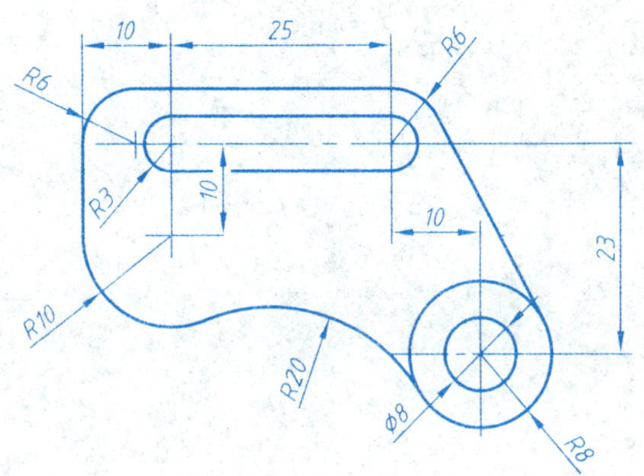

1.5 综合练习(用A3图纸绘制)

一、内容与要求

内容:抄画线型和平面图形(不要标注尺寸)。

要求:作图准确,布局合理,线型规范,字体工整,符合国标,圆弧连接光滑,粗实线加粗均匀,图面整洁。

二、图名、图幅、比例

图名:线型练习及几何绘图

图幅:A3图纸

比例:1∶1

三、绘图步骤及注意事项

1. 绘图前应仔细分析图线和尺寸,以确定正确的作图步骤。圆弧连接的圆心和切点的位置要准确地作出,图面布局要预留出尺寸标注的位置。
2. 线型:粗线线宽为0.5~0.7mm,细线的线宽为粗线的一半。虚线长度约4mm,间隙1mm;点画线长约15mm,间隙及点共约3mm。
3. 字体:图中汉字均写成长仿宋体,标题栏内图名及图号为10号字,校名为7号字,姓名写"制图"右边的栏内,姓名右边写上作图日期,用5号字。
4. 完成底稿后,仔细校核后,对粗实线加深。加深时先圆弧后直线,直线加深时,先加深水平线,再加深竖直线,最后加深斜线。

1) 线型练习(尺寸用2∶1在图中量取)

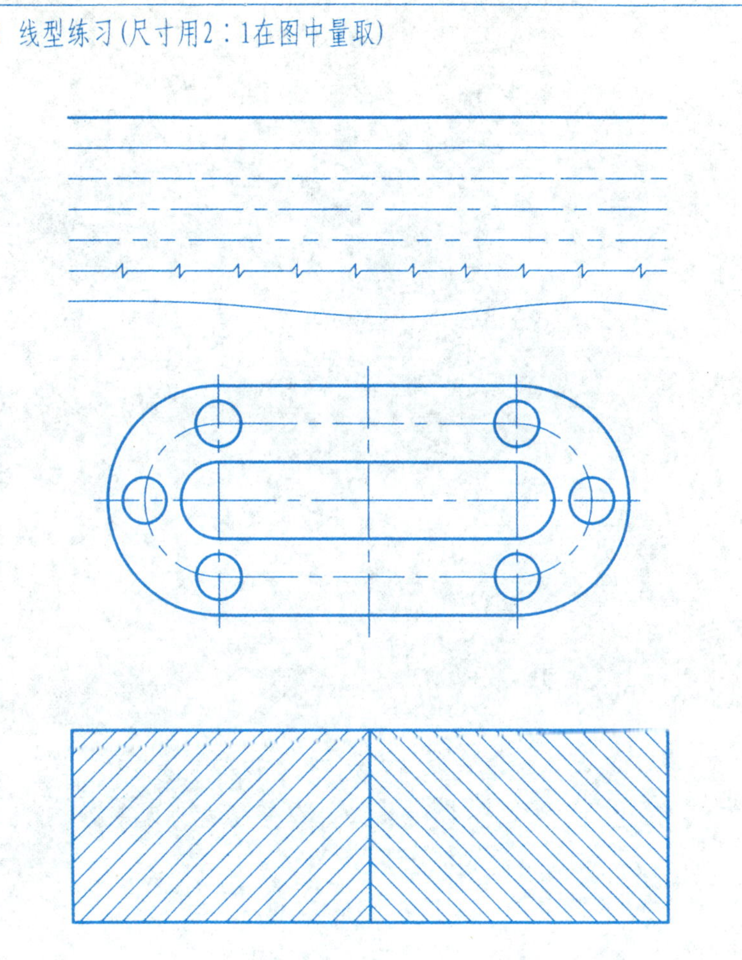

1.5 综合练习(续)

2) 平面图形绘制和尺寸标注（任选一题）。

(1)

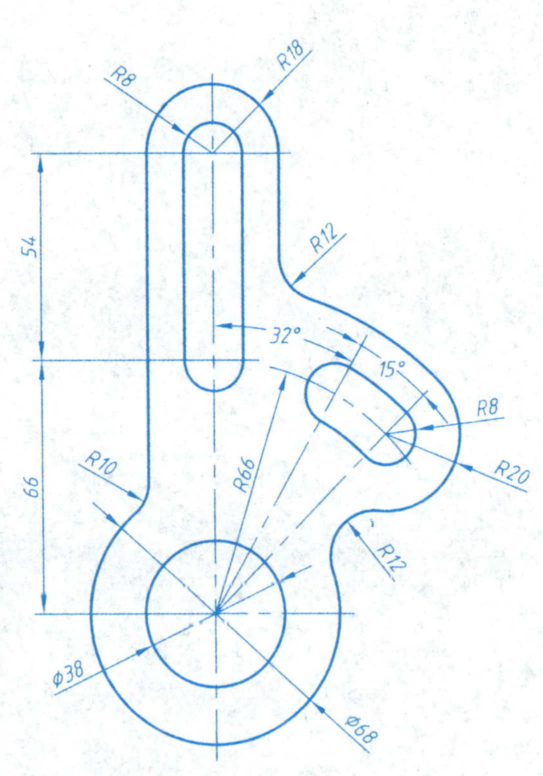

(2)

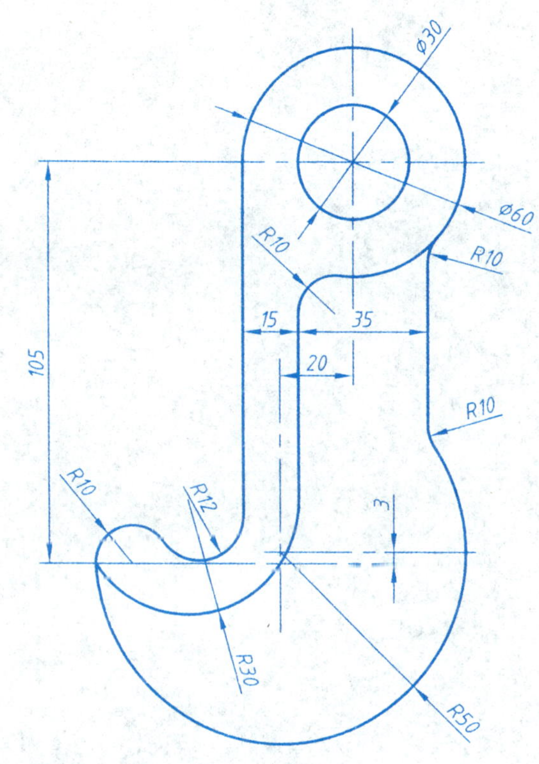

2.1 点的投影

1) 已知$A(25,10,10)$，$B(0,15,0)$，$C(15,0,20)$，$D(30,0,0)$，求作它们的投影图和直观图。

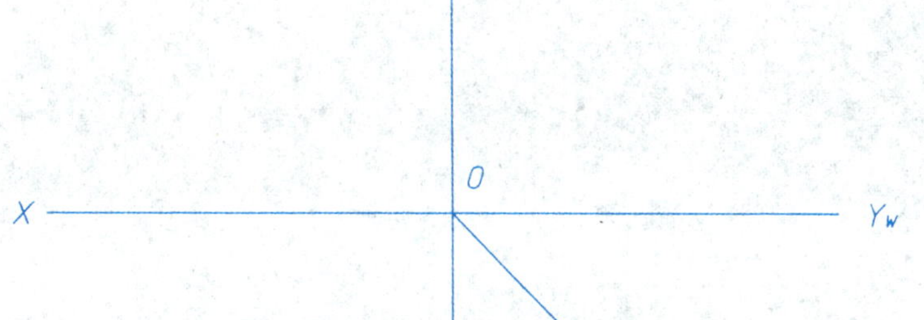

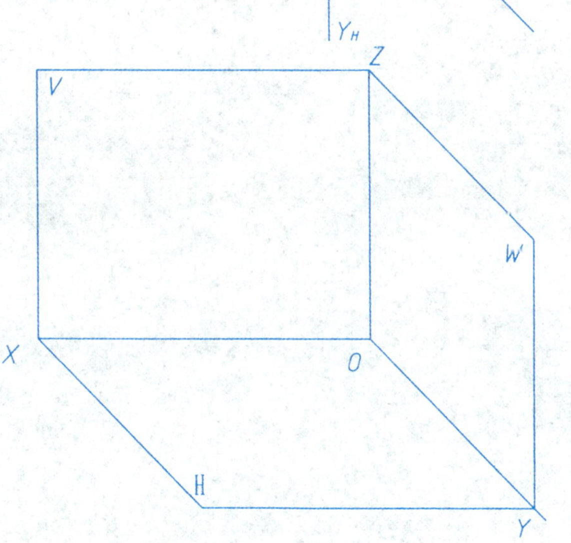

2) 已知$A(20,20,10)$，$B(20,20,20)$，$C(5,10,10)$，$D(20,10,10)$，求作各点的投影图，并判断可见性，把不可见的投影加括号表示。

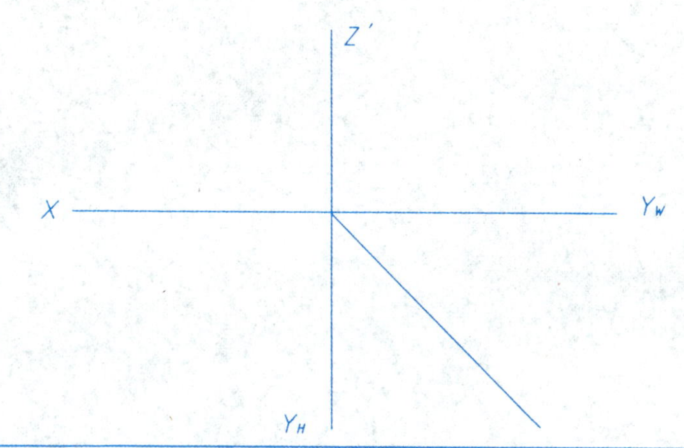

3) 已知各点的两面投影，求其第三面投影。

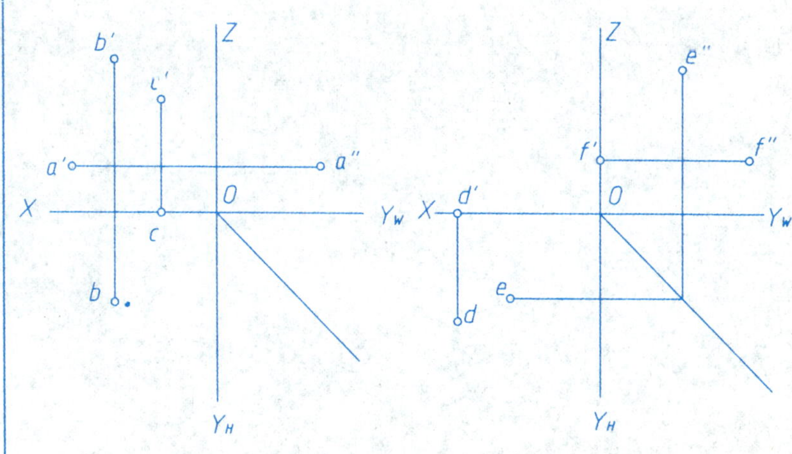

班级　　　　　　姓名　　　　　　学号

2.1 点的投影（续）

4）判断A、B两点的相对位置。

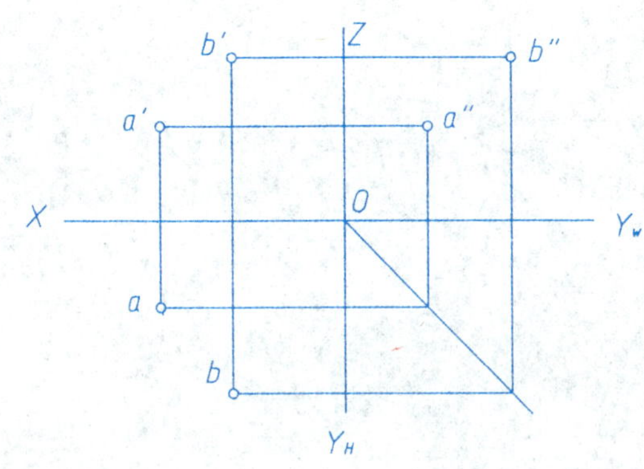

5）B点在A点的右面16mm、前面13mm、下面10mm，求作B点的三面投影。

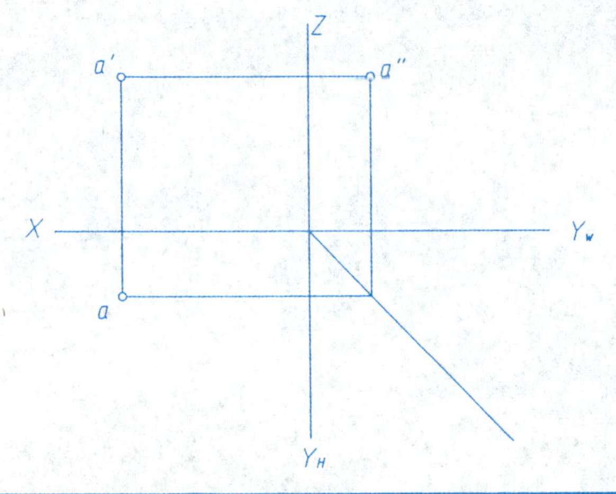

6）已知立体上四点A、B、C、D的两个投影，画出其第三个投影并比较它们坐标的大小。

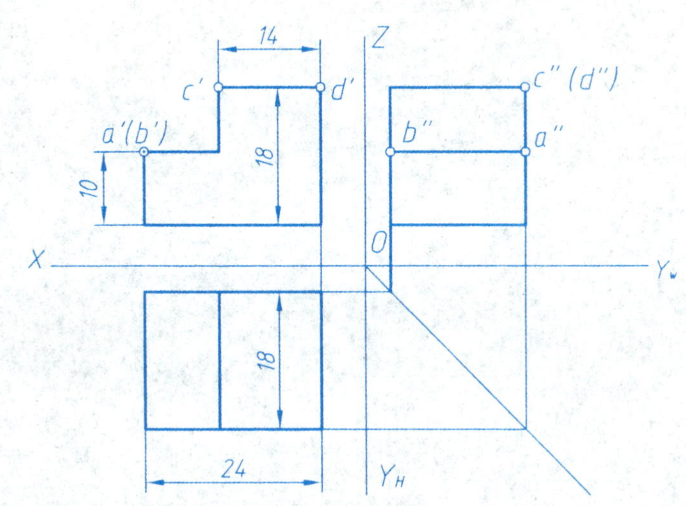

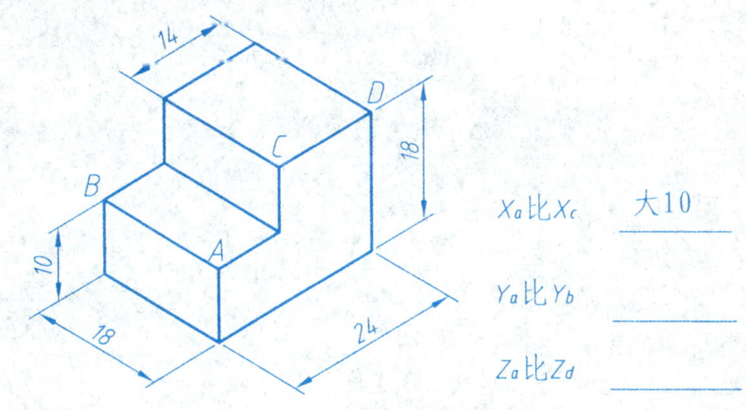

X_a比X_c　大10

Y_a比Y_b　＿＿＿＿

Z_a比Z_d　＿＿＿＿

2.2 直线的投影

1) 已知CD为一铅垂线，它到V面及W面的距离相等，求作其另外两个投影。

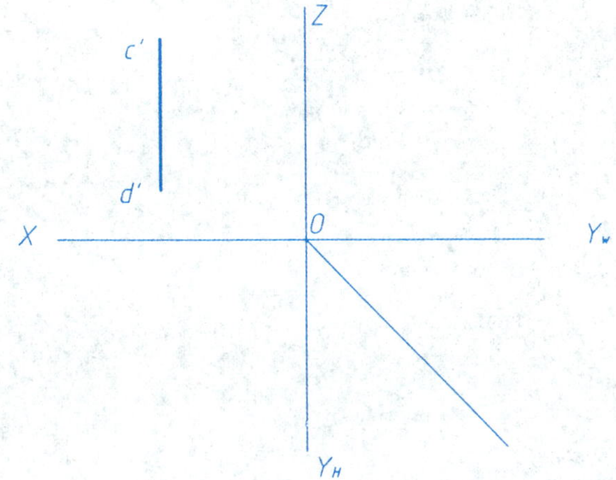

2) 已知水平线AB的正面投影，点A、B到V面的距离分别为5mm和15mm，作出其它两投影，并在图上标出该直线与V面和W面的倾角。

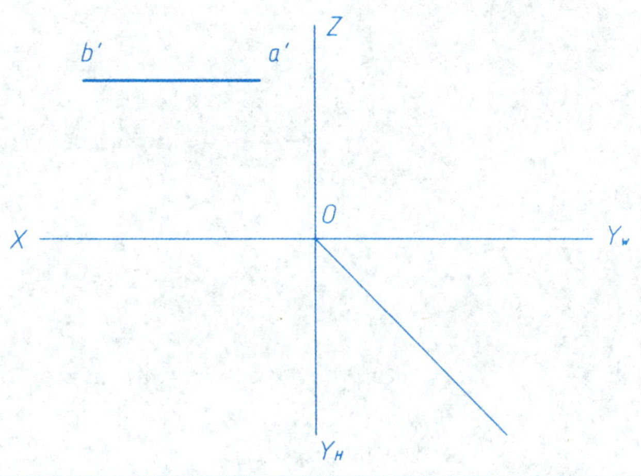

3) 已知侧平线CD的侧面投影，该侧平线到W面的距离为14mm，作出其它两个投影，并在该直线上确定点E的三个投影，使该点坐标$Z:Y=1:1$。

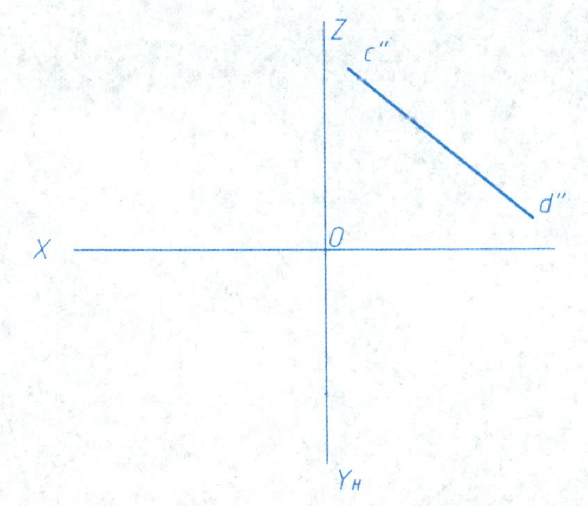

4) 求直线AB的实长及其与H面的倾角α。

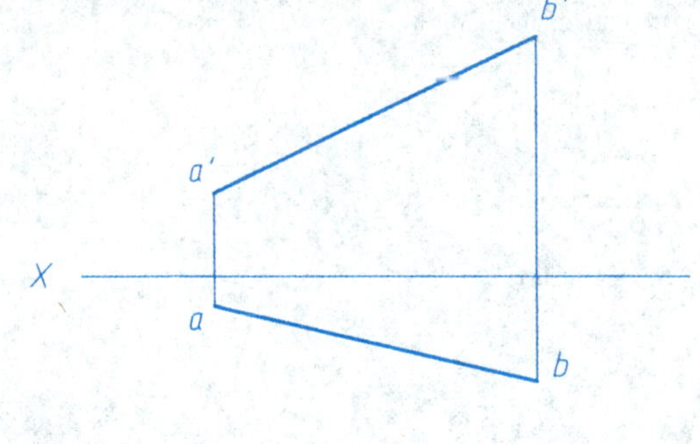

班级　　　　　　姓名　　　　　　学号

2.2 直线的投影（续）

5）判断直线AB和CD的相对位置。

(1)

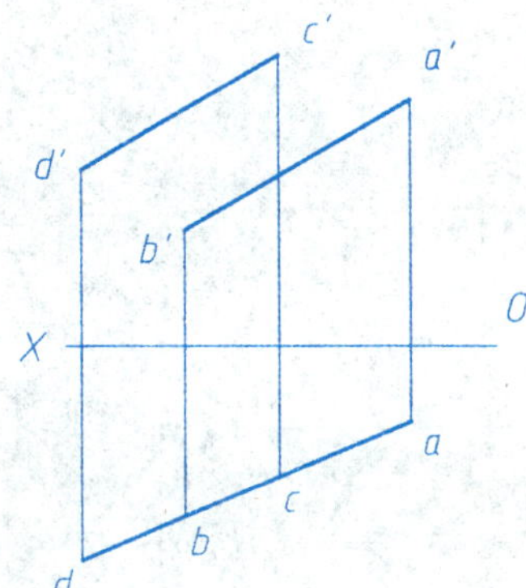

AB与CD ______

(2)

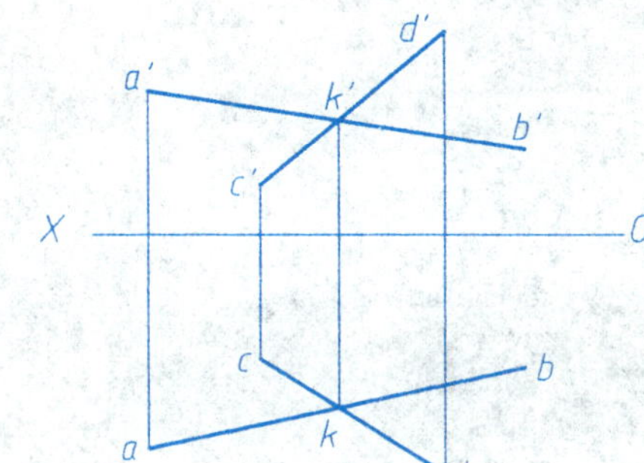

AB与CD ______

(3)

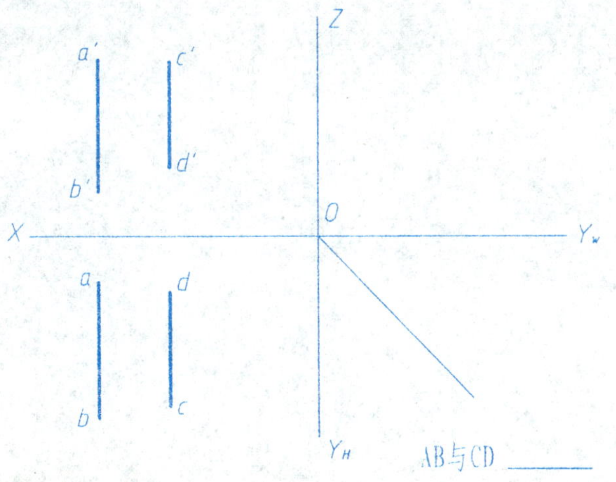

AB与CD ______

(4)

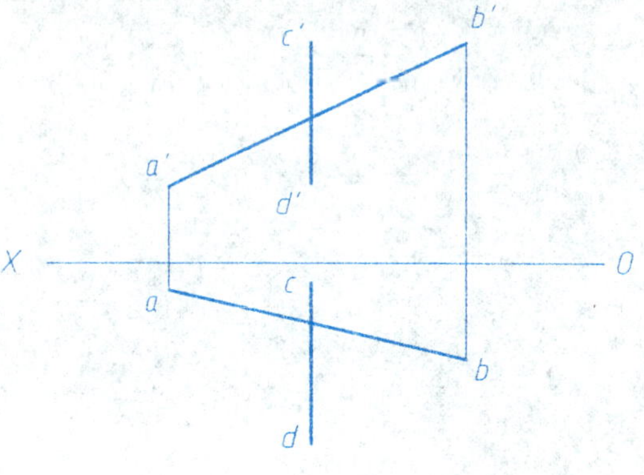

AB与CD ______

2.3 平面的投影

1) 完成下列平面的第三面投影，并求作属于该平面的点K的另外两个投影。

(1)

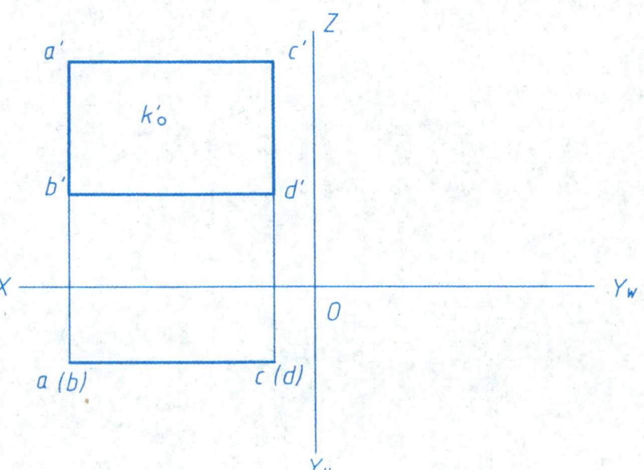

(2)

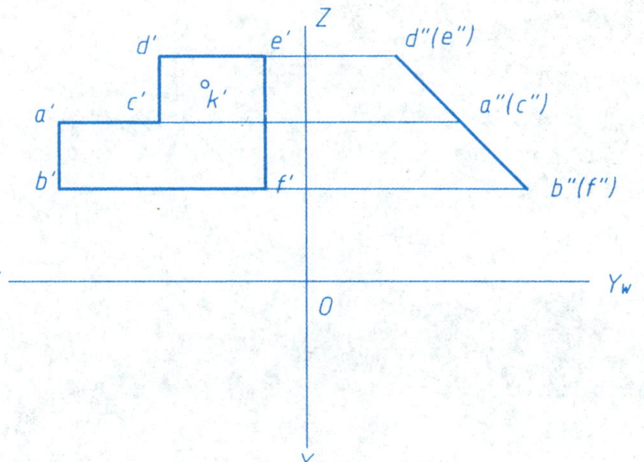

(3)

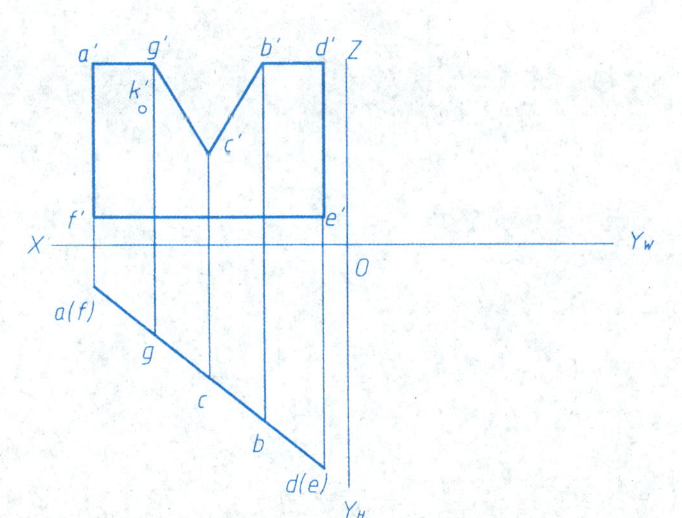

(4)

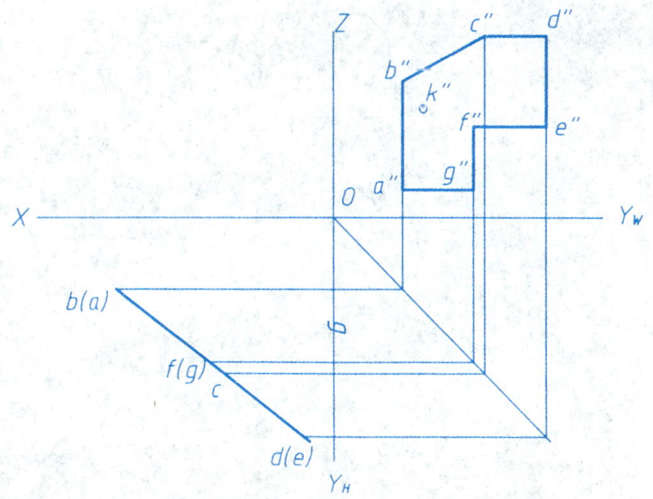

班级　　　　姓名　　　　学号

2.3 平面的投影（续）

2）求作平面*ABCDEF*的正面投影。

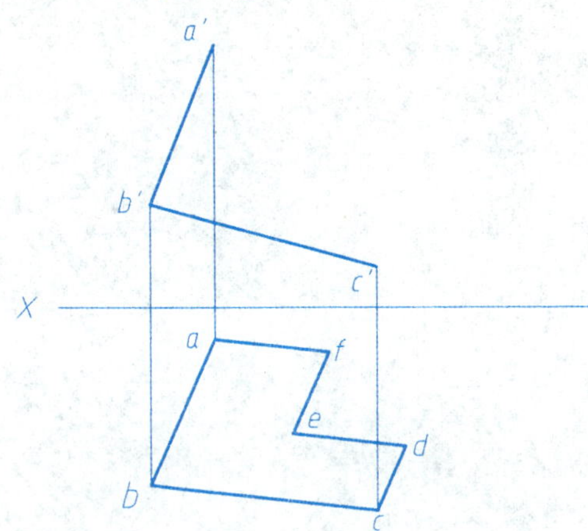

3）在三角形*ABC*内确定*K*点，该点距*H*面12mm，距*V*面15mm。

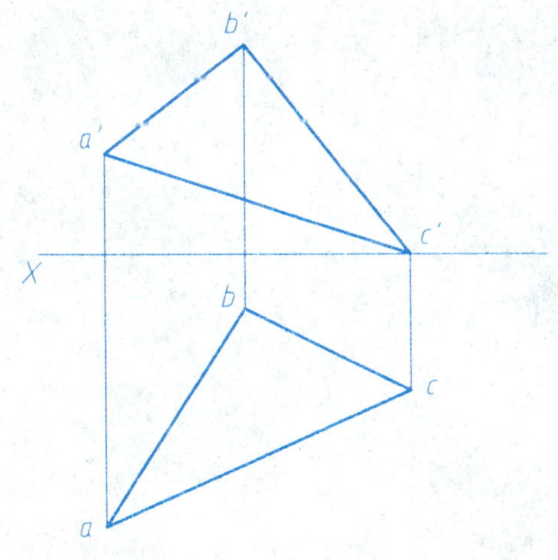

4）判断下列几何元素是否在同一平面内。

(1)

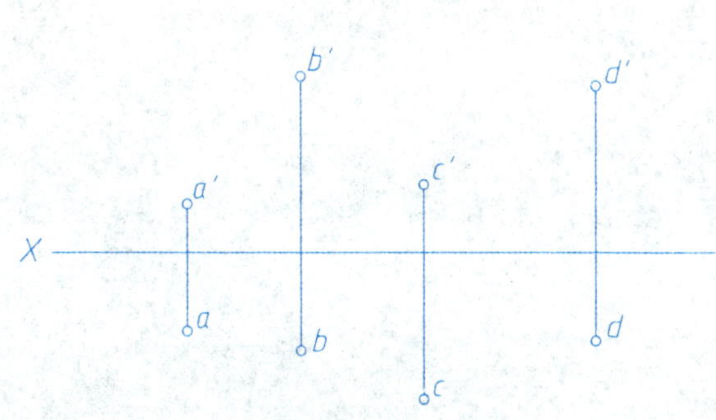

(2)

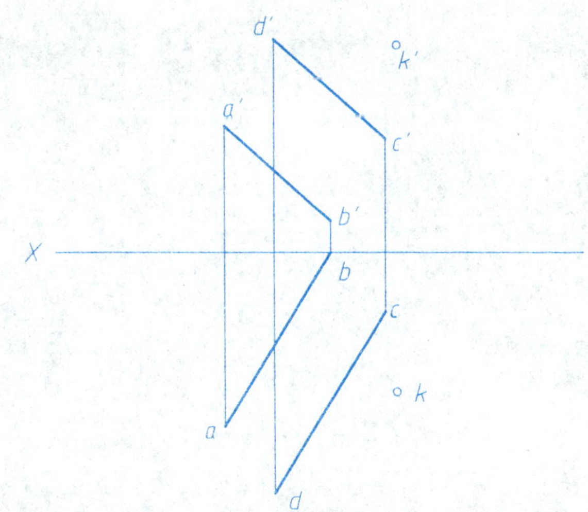

班级　　　　　　姓名　　　　　　学号

2.4 点线面投影综合练习

看懂物体三视图，在投影图上标出各顶点及各平面的投影，并回答P、R和Q分别是哪种平面。

(1)

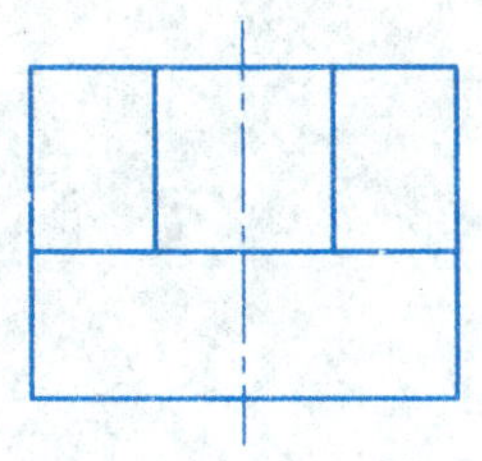

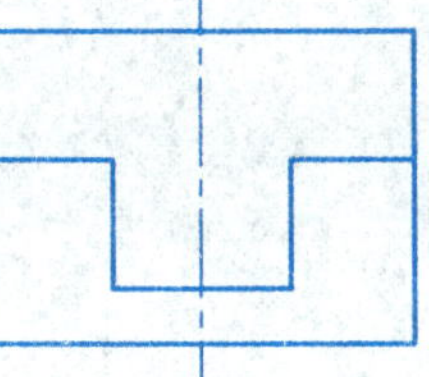

P:

R:

Q:

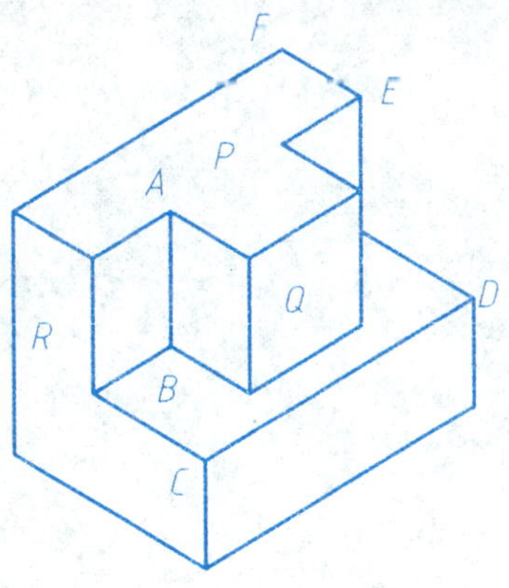

(2)

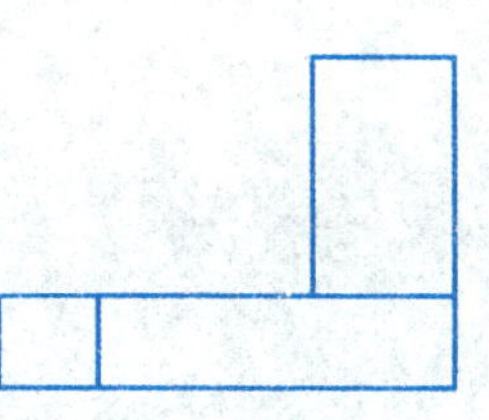

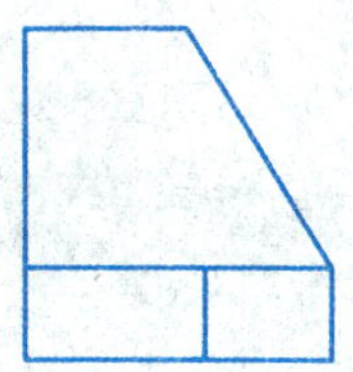

P:

R:

Q:

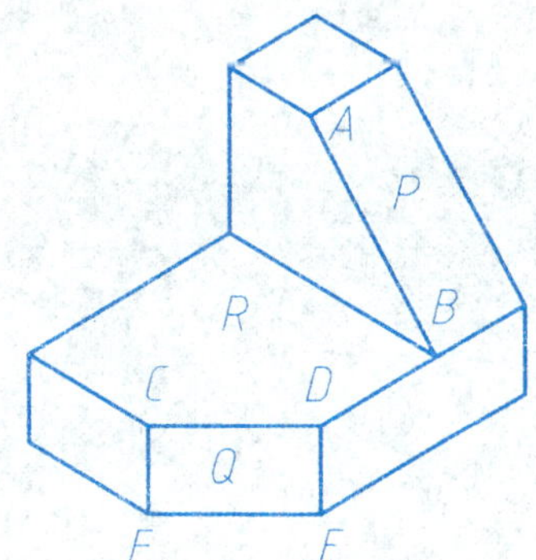

3.1 平面立体及其表面上点和线的投影

1）完成正六棱柱及其表面上点和线的三面投影。

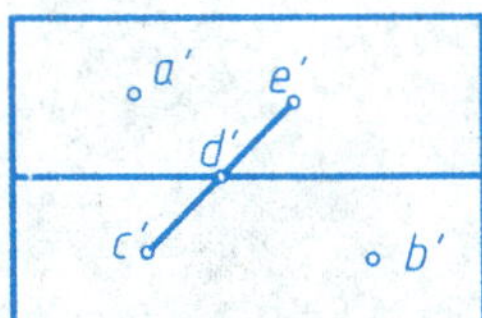

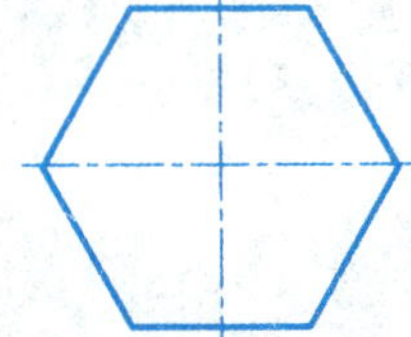

2）完成四棱柱及其表面上点和线的三面投影。

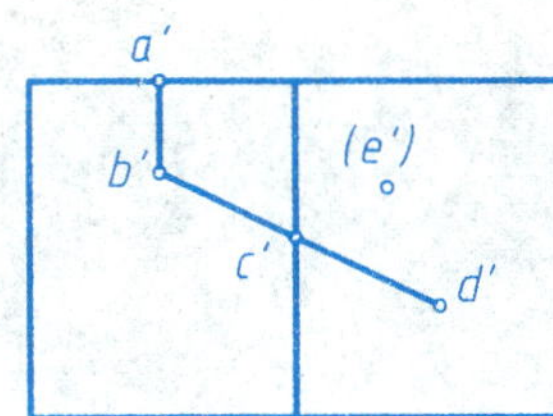

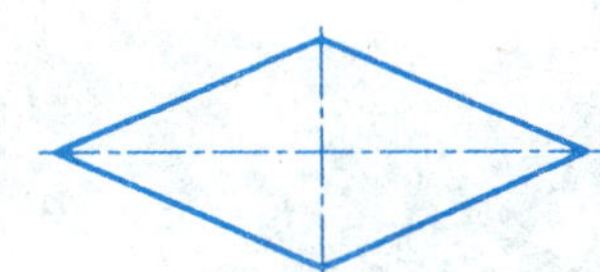

3）完成正三棱锥及其表面上点和线的三面投影。

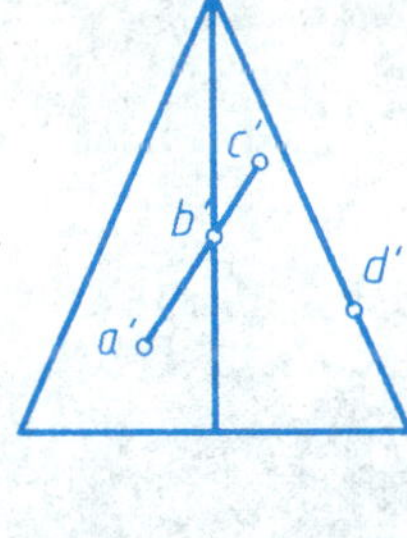

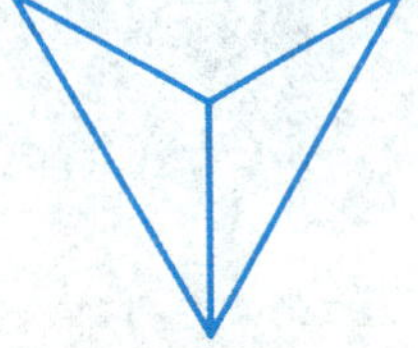

4）完成立体的三面投影，并求出直线AB的另外两个投影。

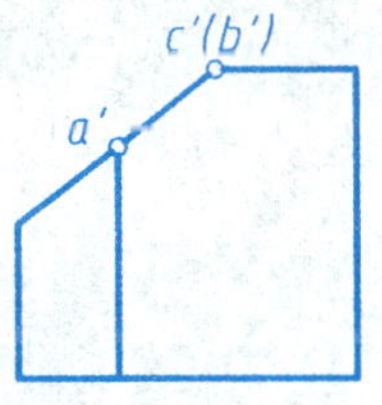

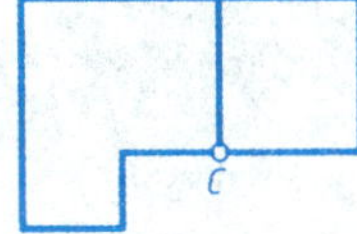

3.2 曲面立体及其表面上点和线的投影

1）完成圆柱体及其表面上点的三面投影。

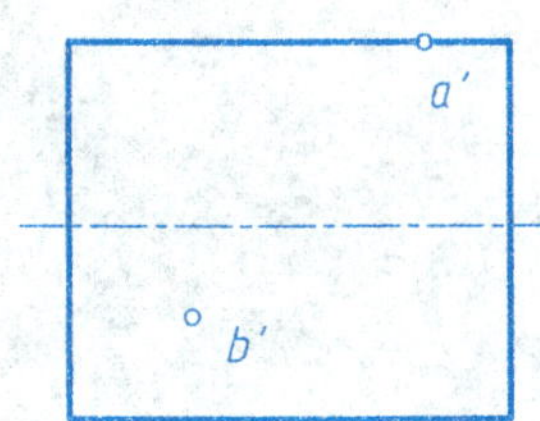

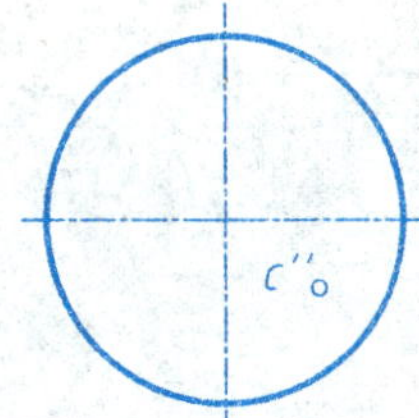

2）完成圆球体及其表面上点的三面投影。

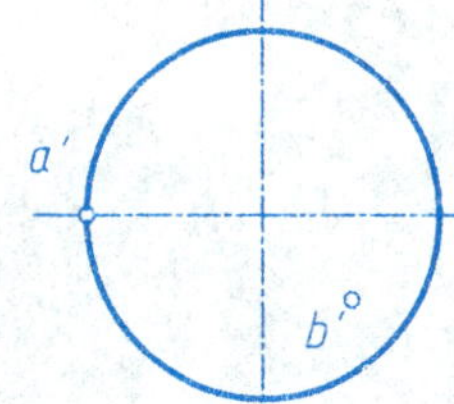

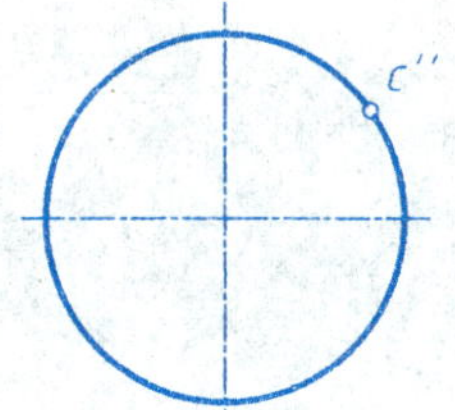

3）完成圆锥体及其表面上点和线的三面投影。

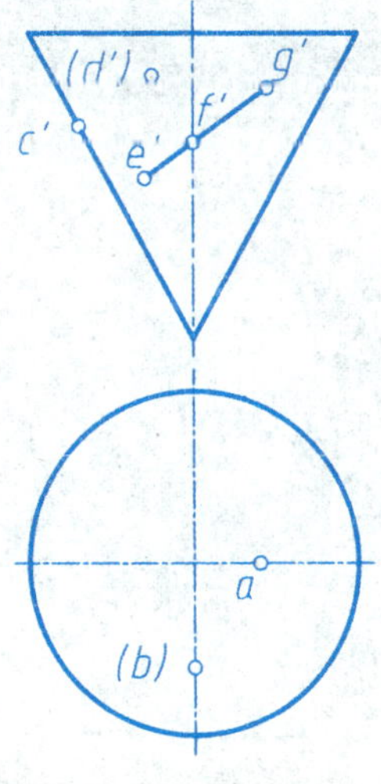

4）完成立体及其表面上点和线的三面投影。

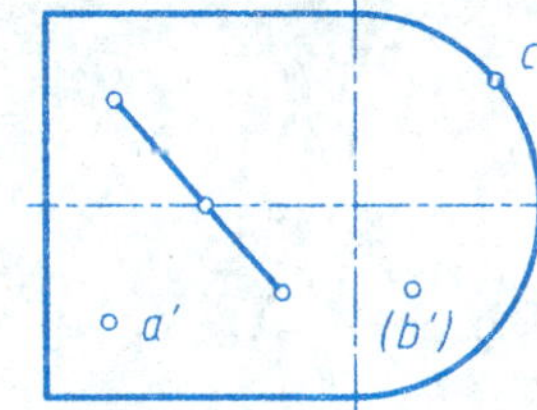

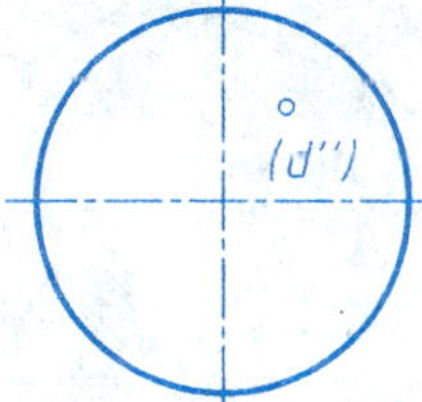

3.3 截切平面立体的投影

1）完成四棱锥被切割后的三面投影。

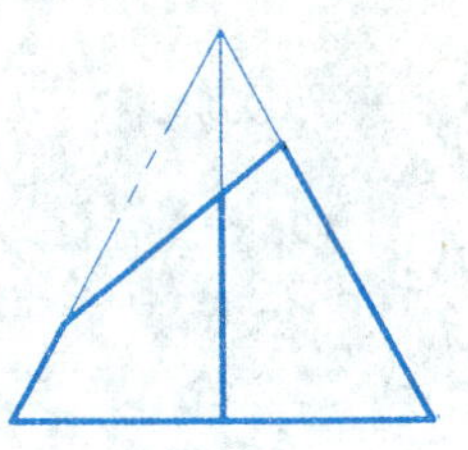

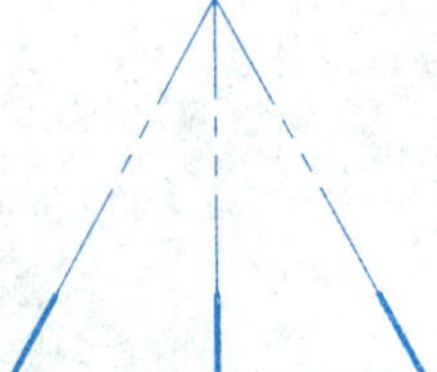

2）完成六棱柱被切割后的水平投影。

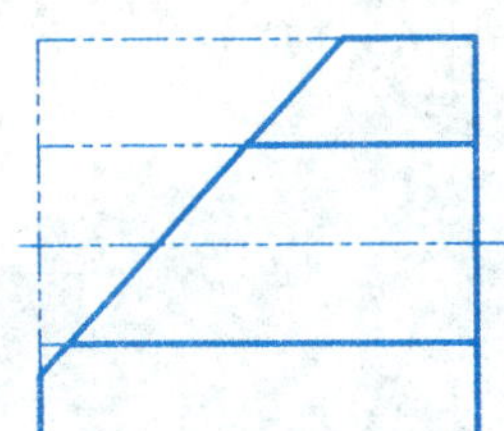

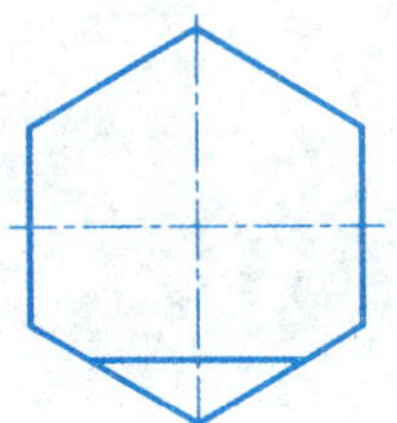

3）完成三棱锥被切割后的三面投影。

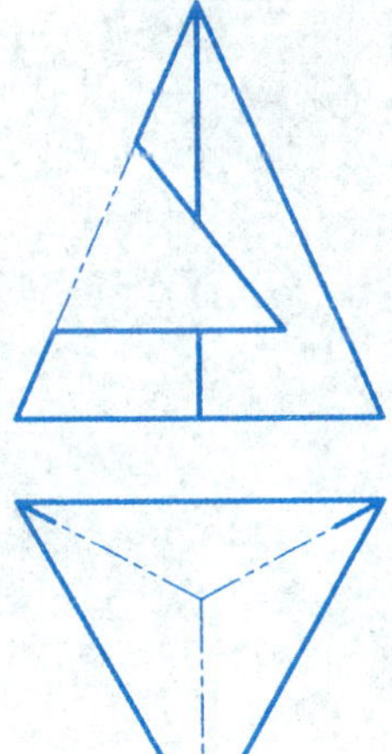

4）完成四棱柱被切割后的水平投影和侧面投影。

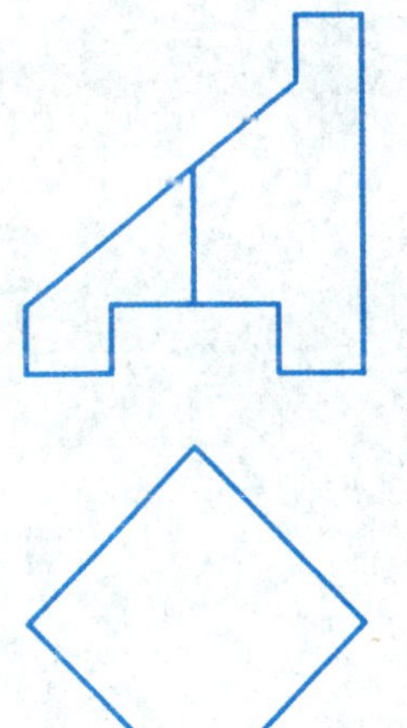

3.4 截切圆柱体的投影

1) 完成斜切圆柱体的水平投影。

(1)

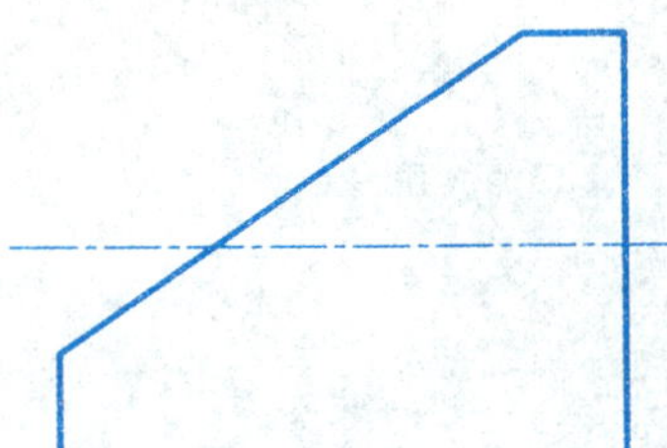

(2)

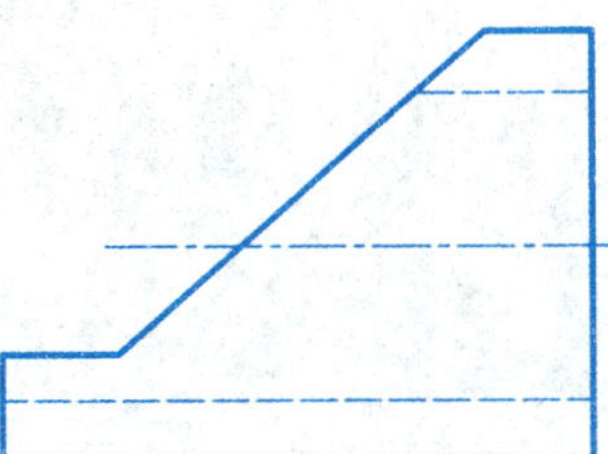

2) 完成切槽圆柱体的侧面投影。

(1)

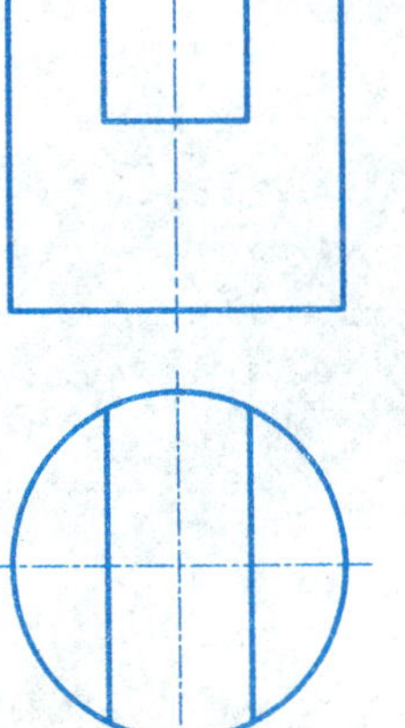

(2)

3.4 截切圆柱体的投影（续）

3）完成截切圆柱体的水平投影。

(1)

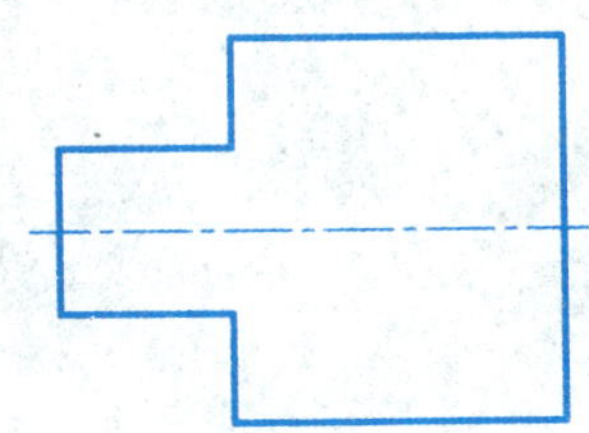

(2)

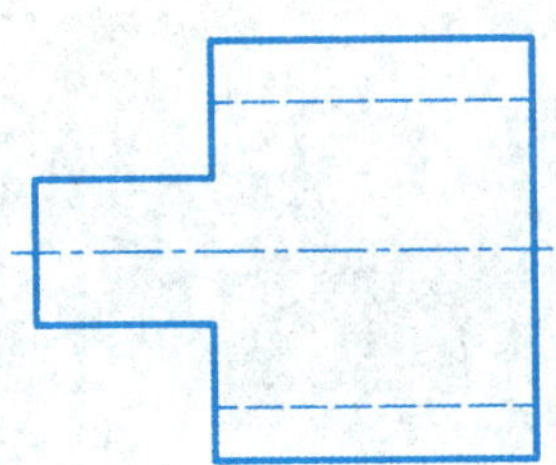

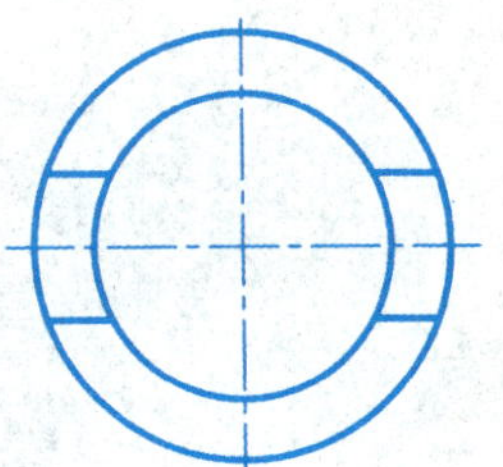

4）完成穿孔圆柱体的侧面投影。

(1)

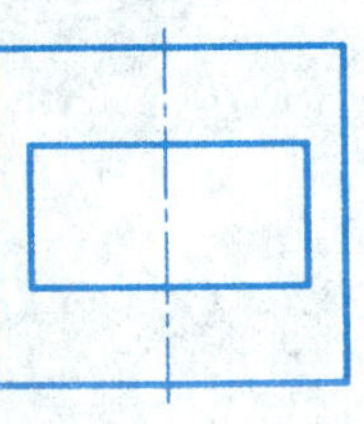

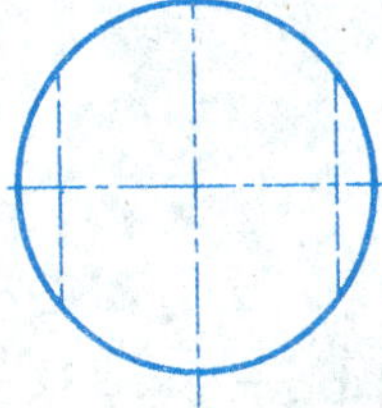

(2)

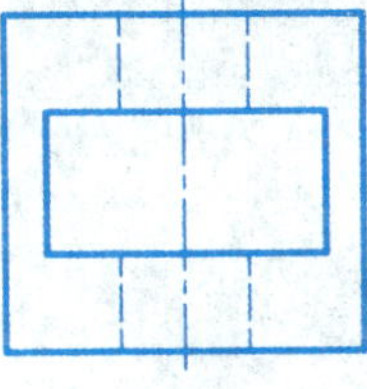

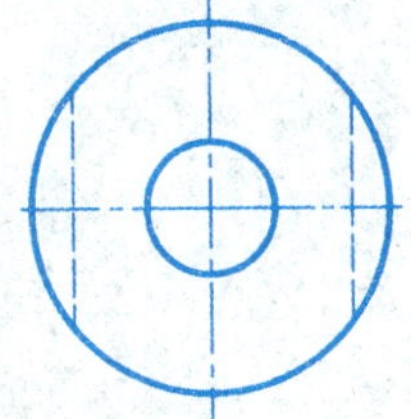

3.5 截切圆锥和圆球体的投影

1) 根据已知投影，补全截切圆锥体的其它投影。

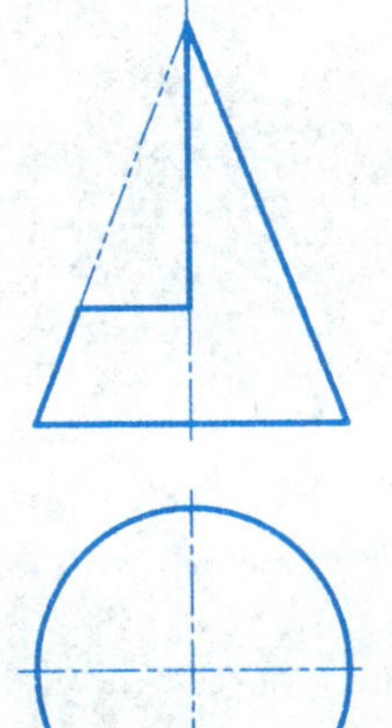

2) 完成球体截切后的三面投影。

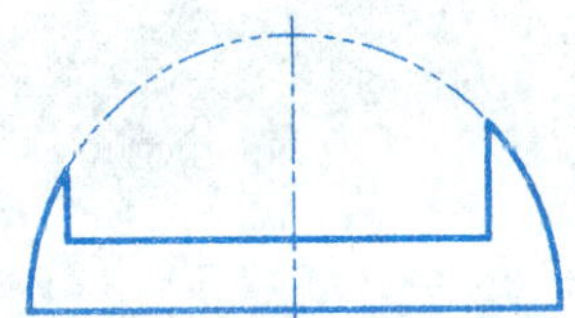

3.6 相贯体的投影

1) 求两圆柱体相贯线的侧面投影。

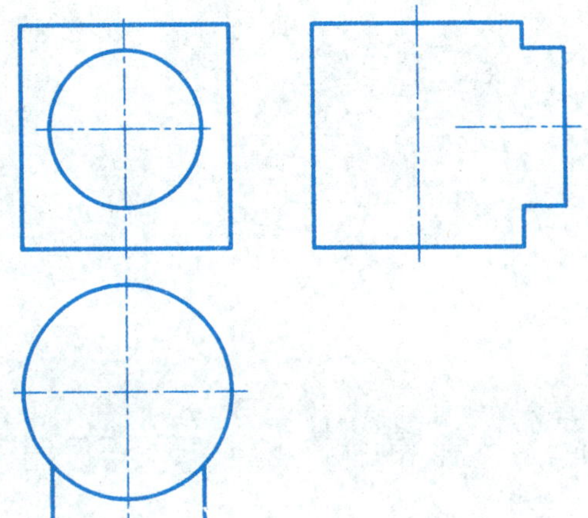

2) 求穿孔圆柱体的正面投影。

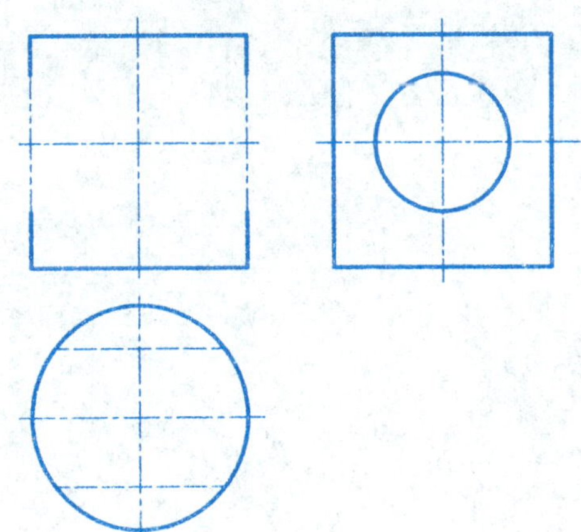

3.6 相贯体的投影(续)

3) 求切槽圆柱体的侧面投影。

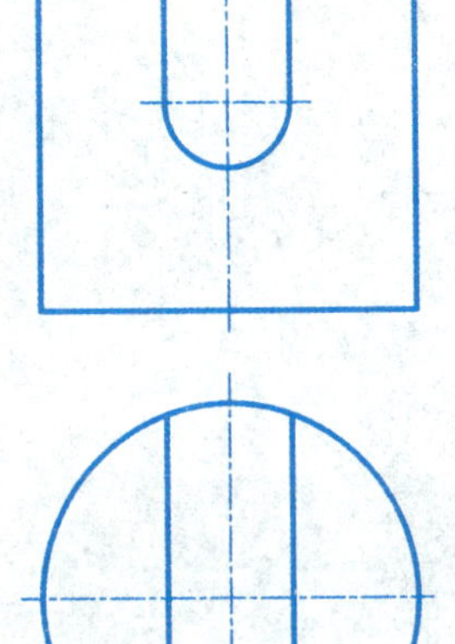

4) 求两等径圆柱体相贯线的正面投影。

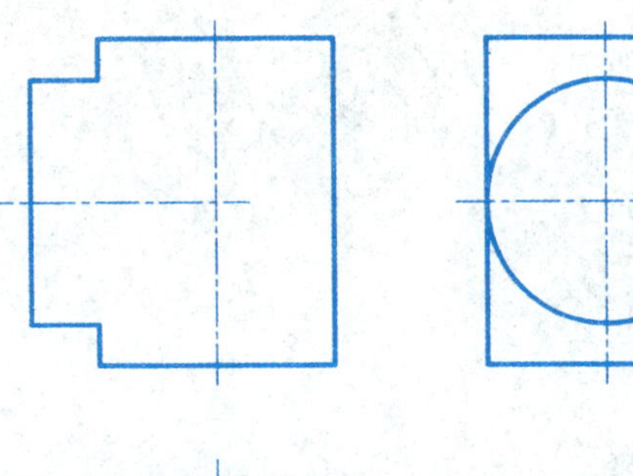

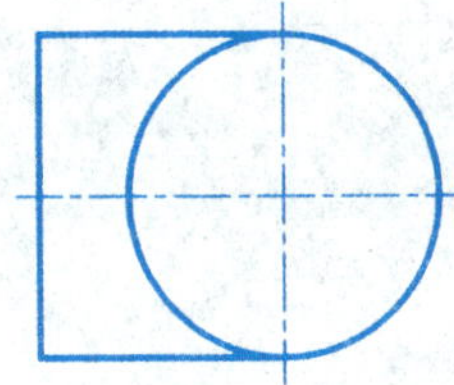

5) 求圆柱体和圆锥体相贯线的正面投影。

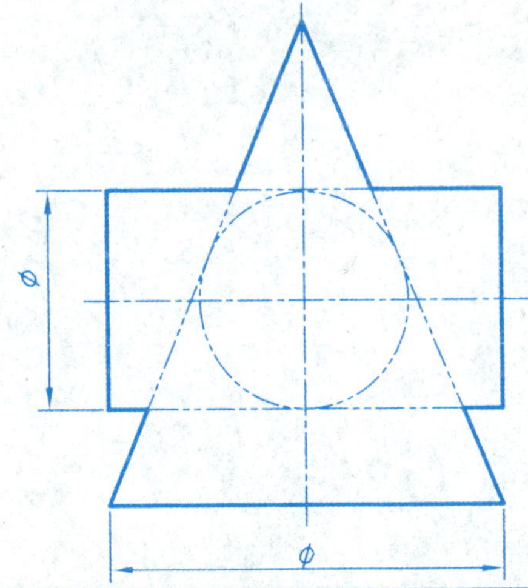

6) 补全同轴回转体的正面投影，画出水平投影。

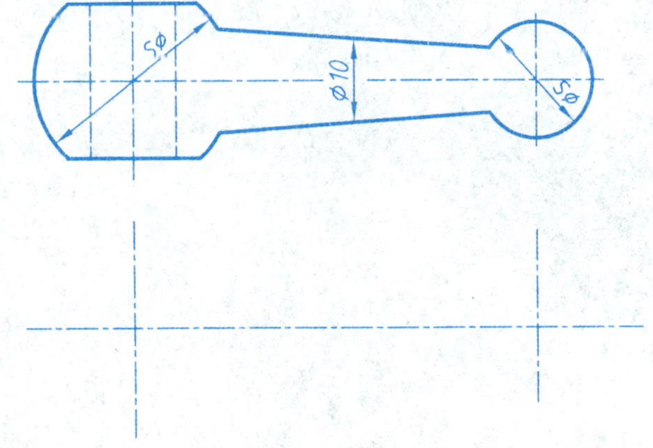

班级　　　　　　姓名　　　　　　学号

4.1 根据轴测图补全组合体三视图

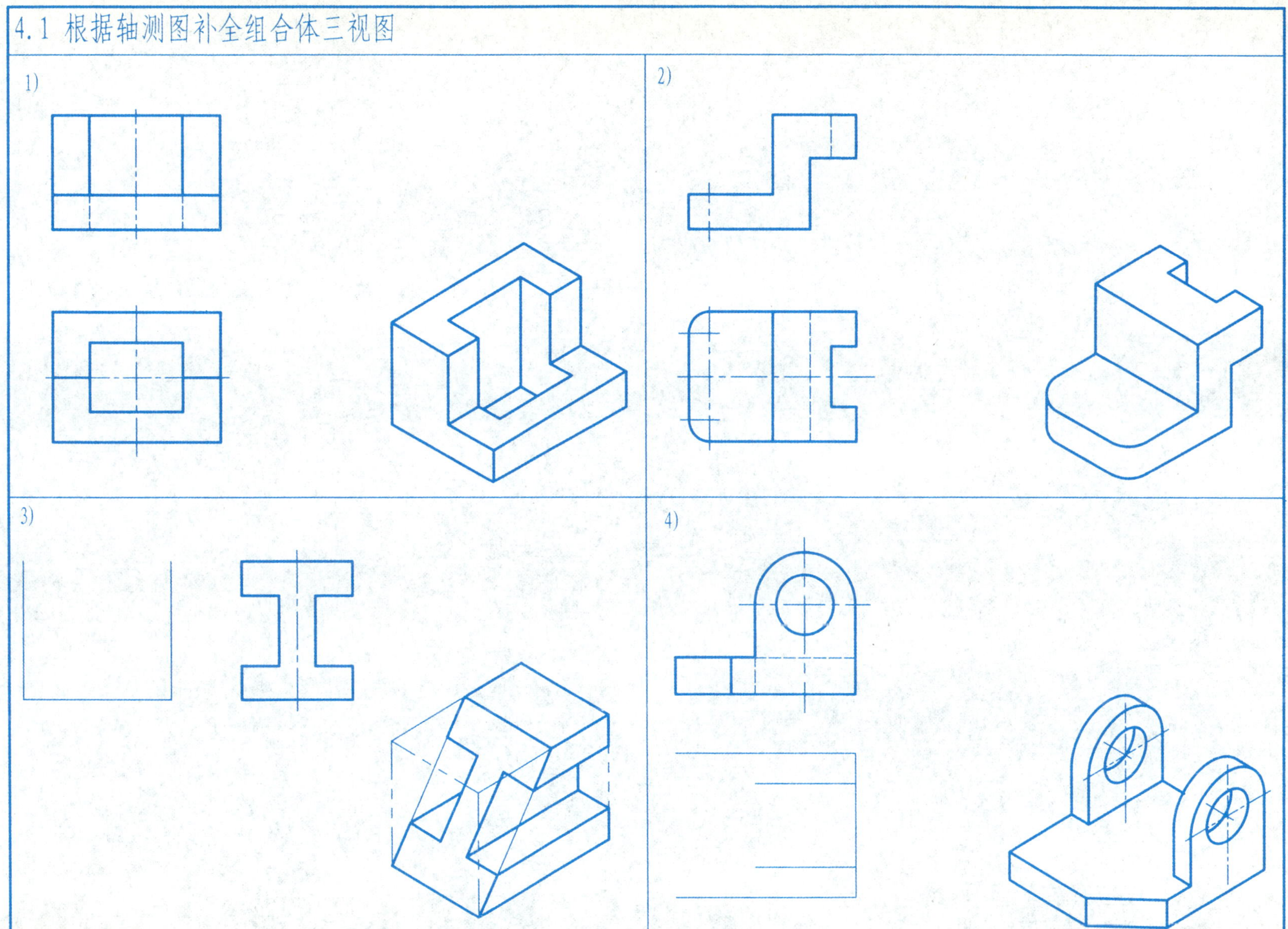

4.2 已知组合体的两视图，画第三视图

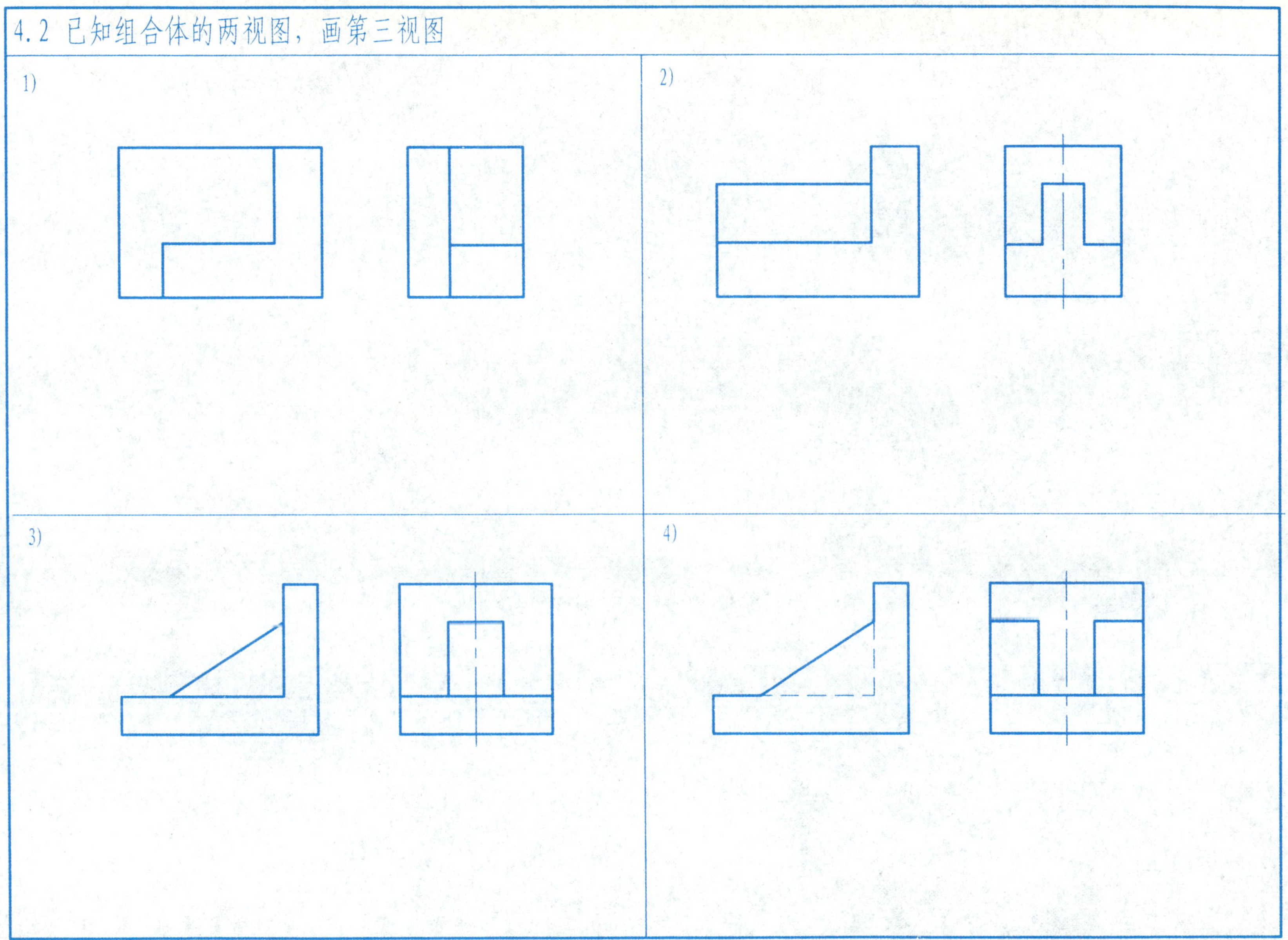

4.2 已知组合体的两视图，画第三视图(续)

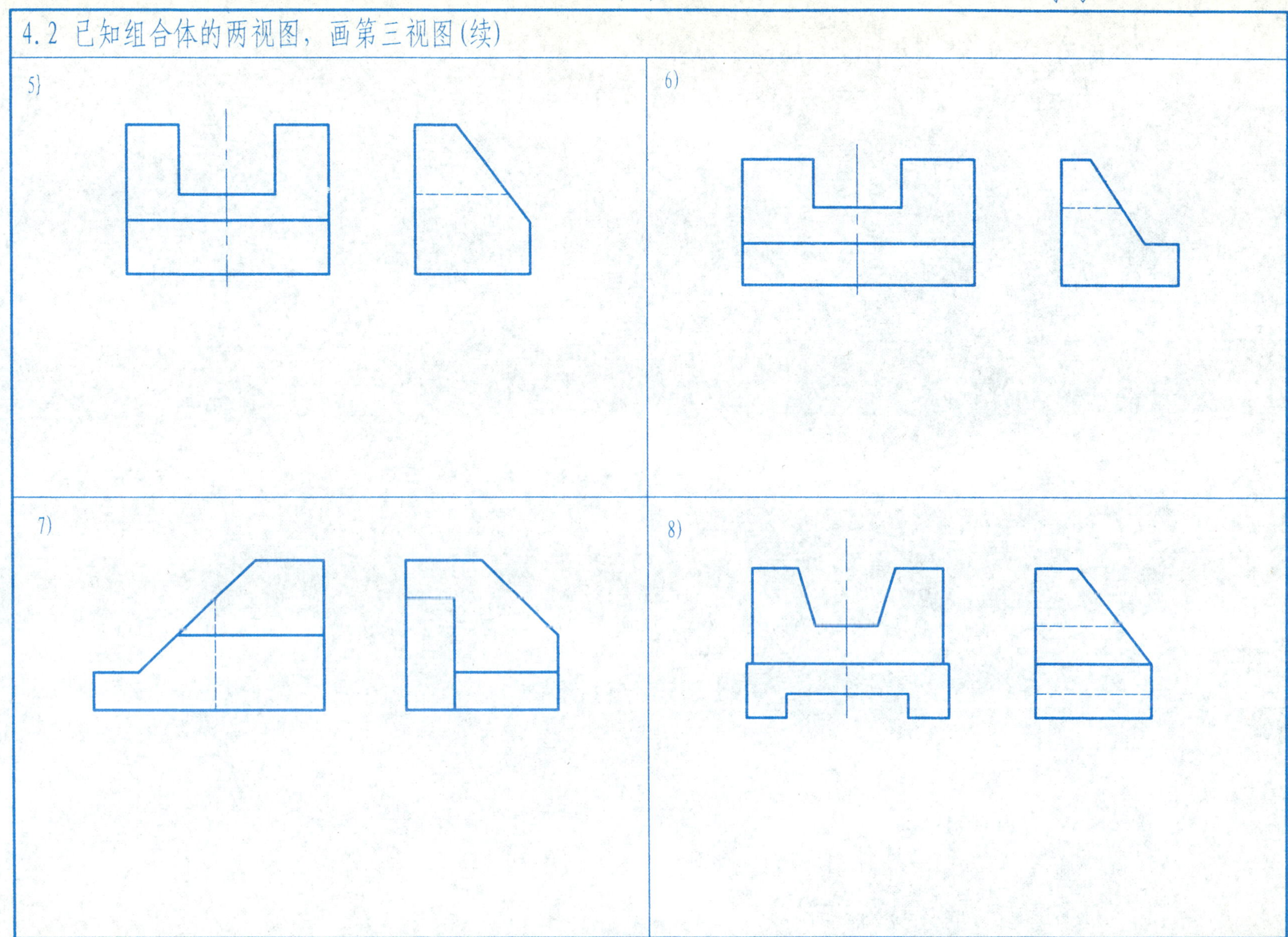

4.3 补画图中缺漏的图线

1)

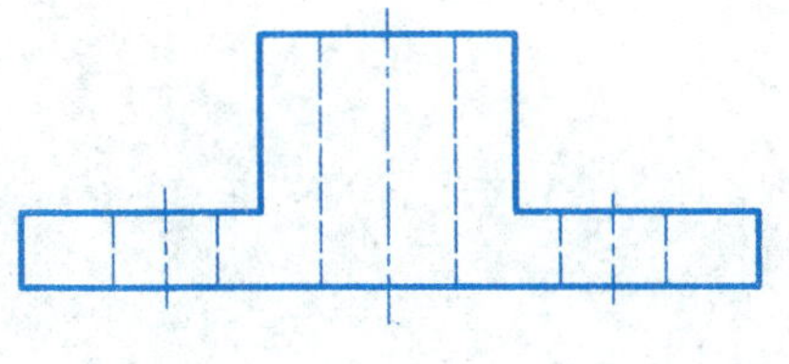

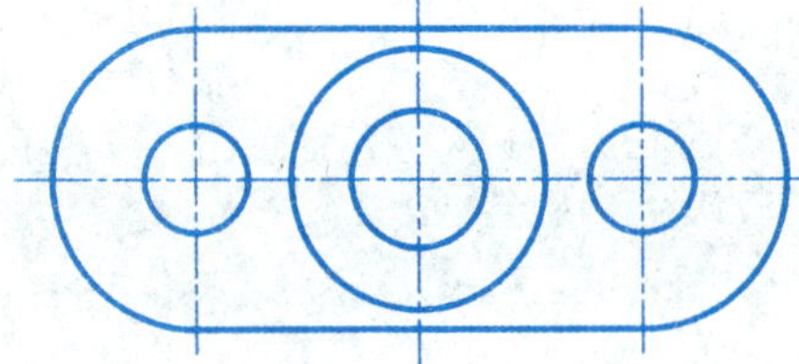

2)

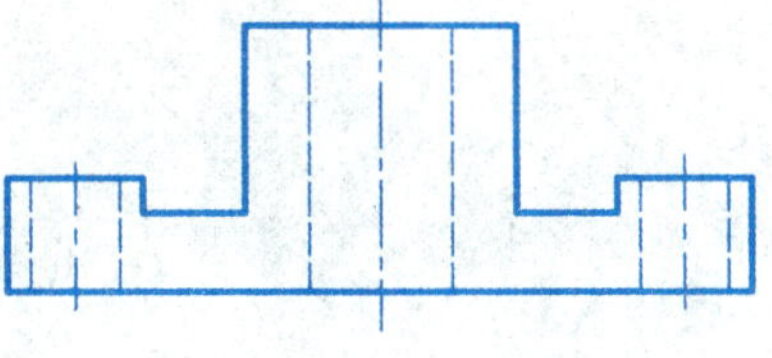

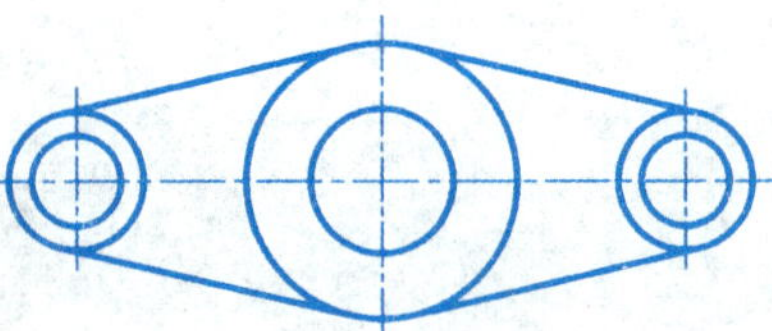

3)

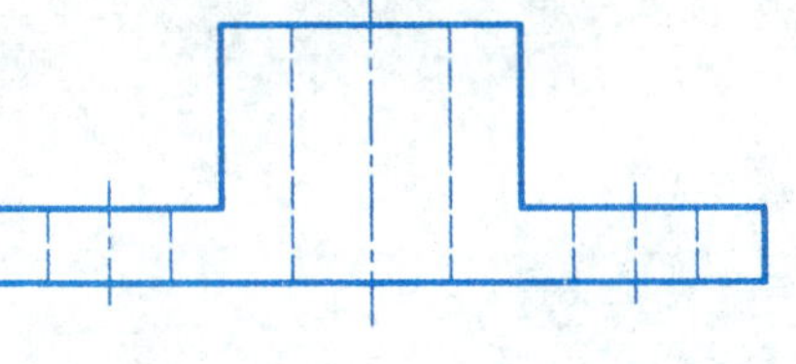

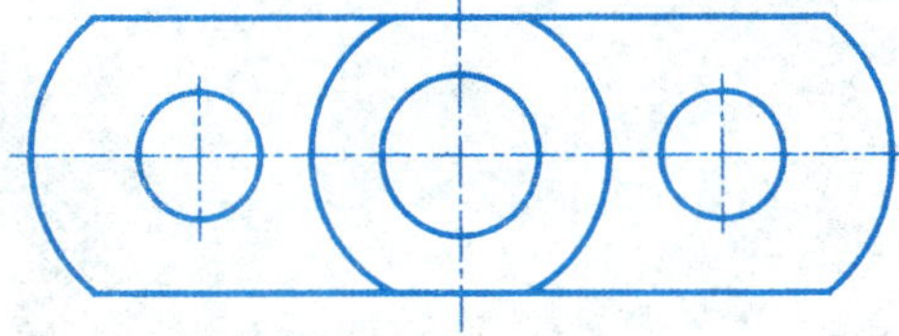

4)

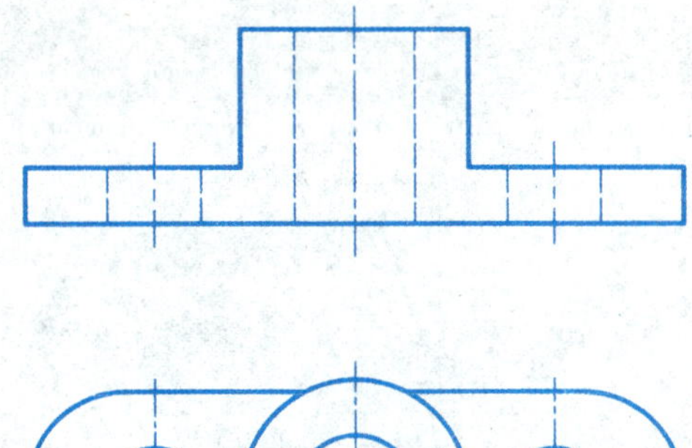

4.4　已知组合体的两视图，在图上1∶1测量尺寸并取整数标注

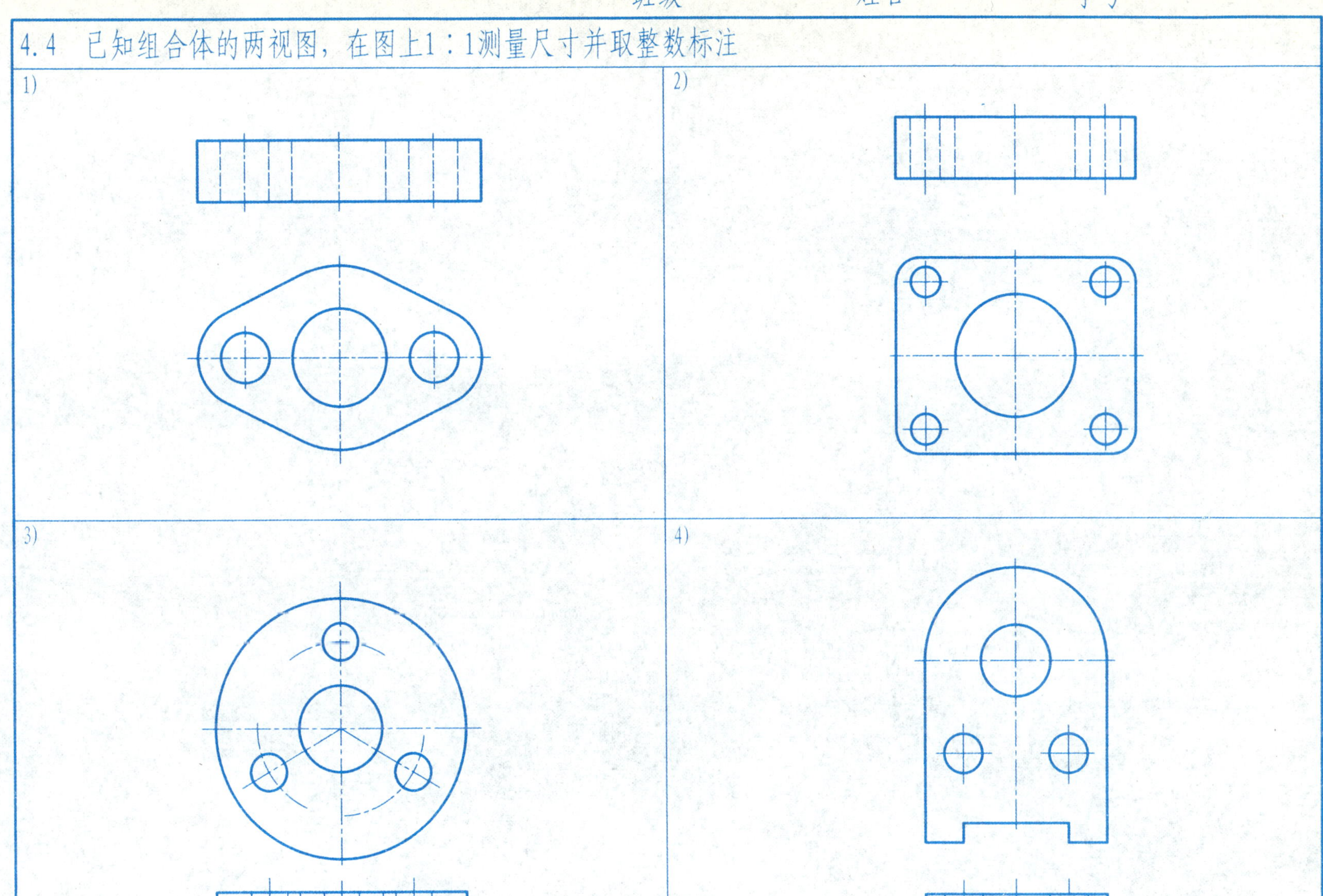

班级　　　　姓名　　　　学号

4.4 已知组合体的两视图，在图上1∶1测量尺寸并取整数标注(续)

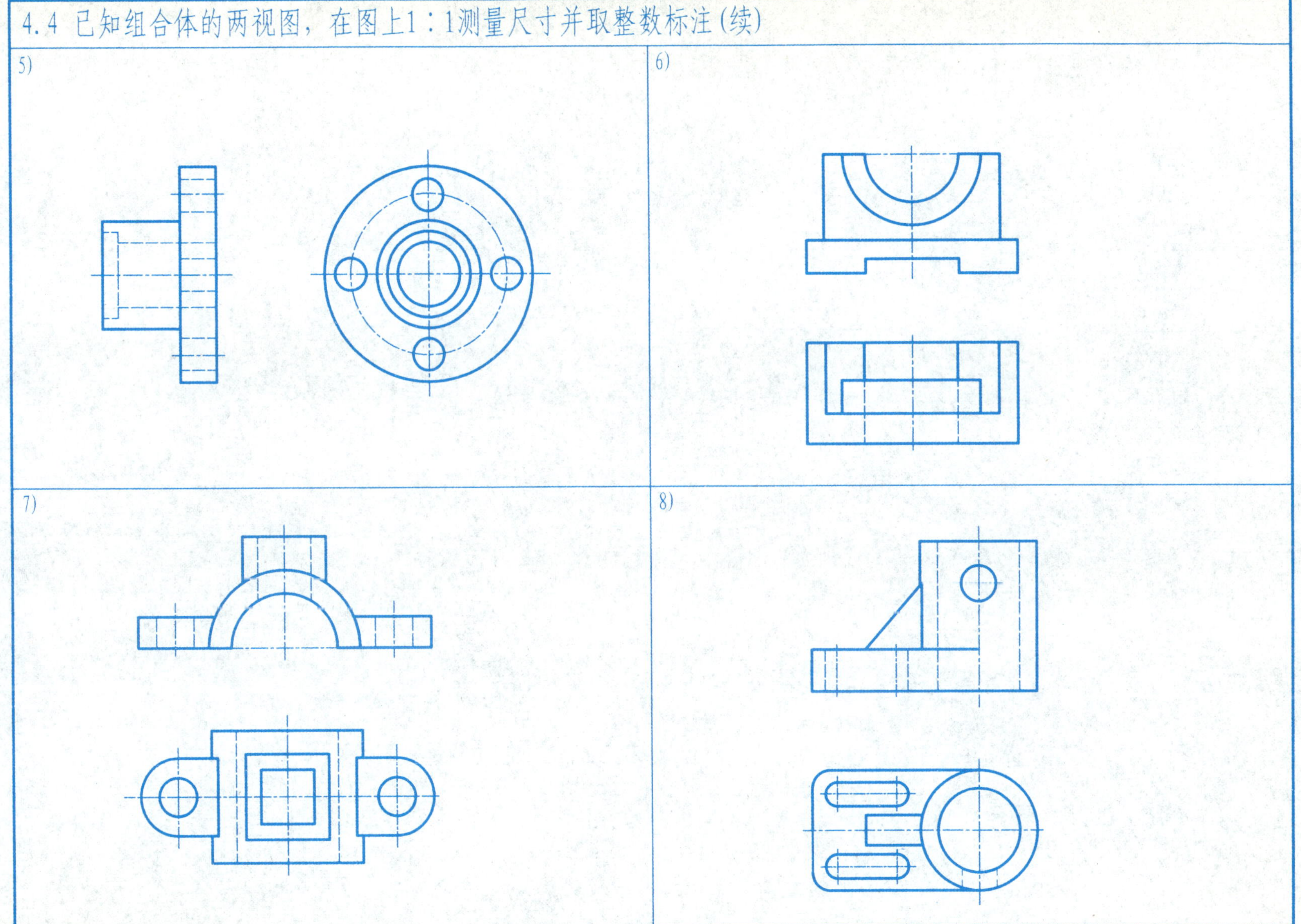

班级　　　　　　姓名　　　　　　学号

4.5 已知组合体的俯视图，想象该组合体的形状，并画出其余两视图

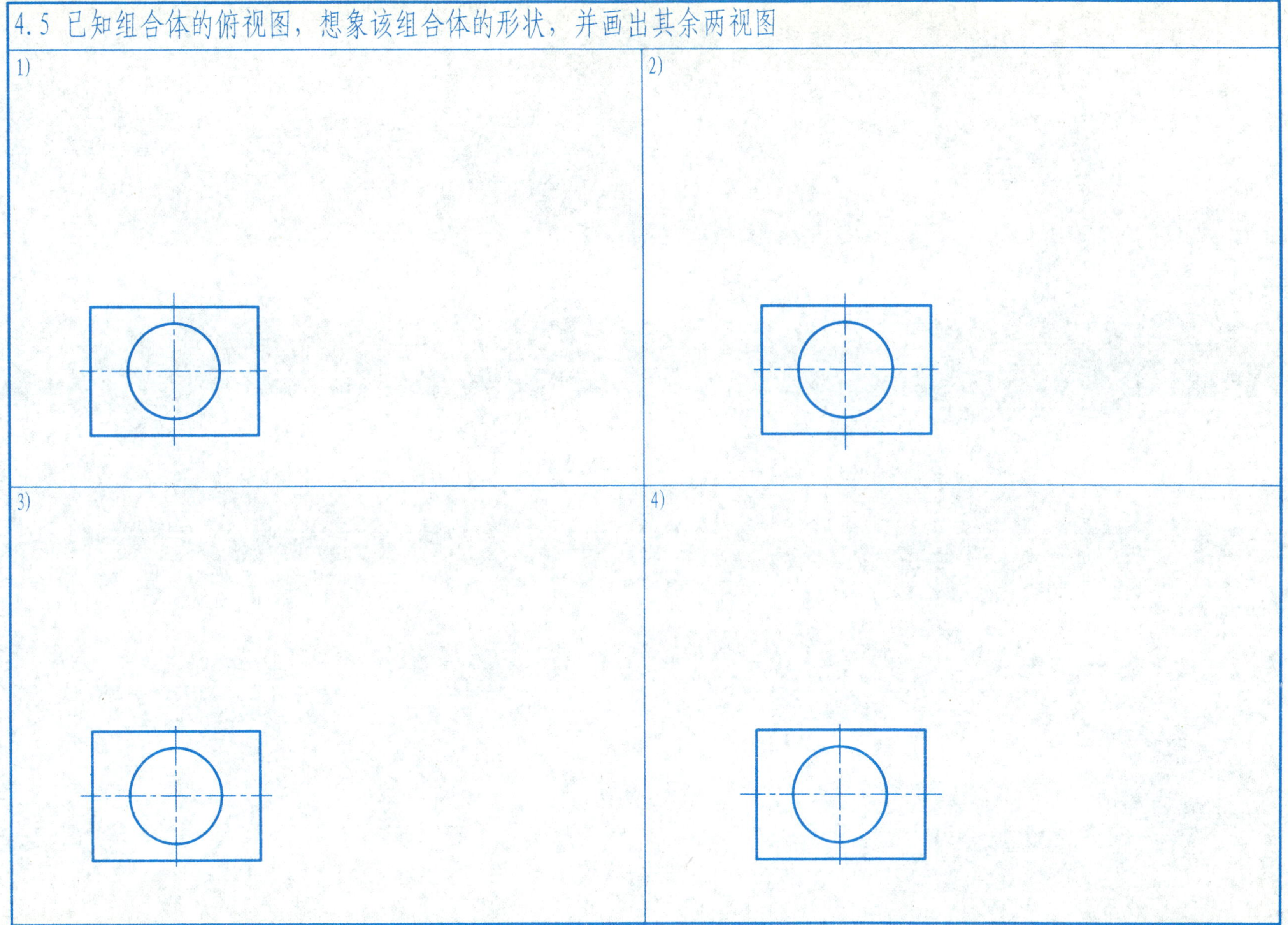

5.1 根据组合体视图，在空白处画出其正等轴测图

1)

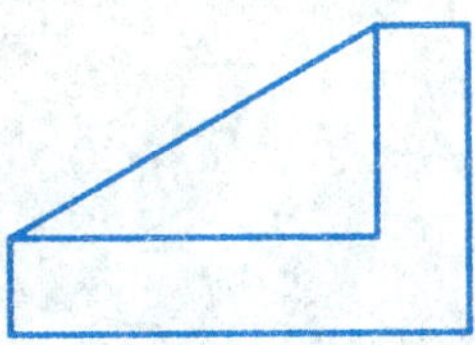

2)

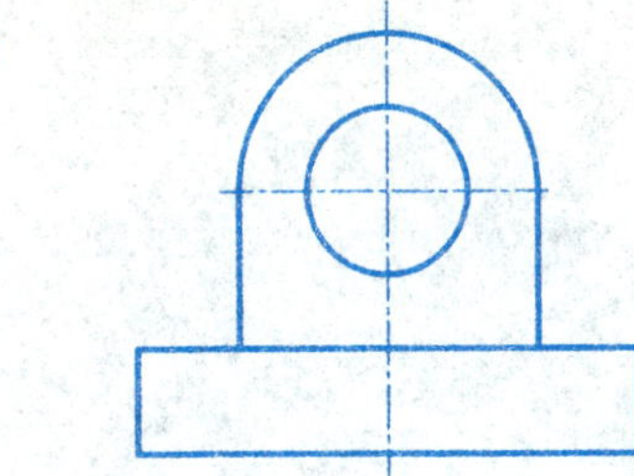

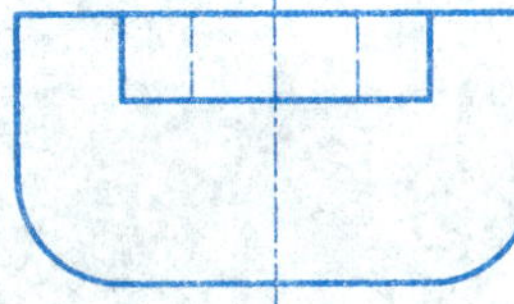

班级　　　　　　姓名　　　　　　学号

5.2 根据组合体视图，在空白处画出其斜二轴测图

1)

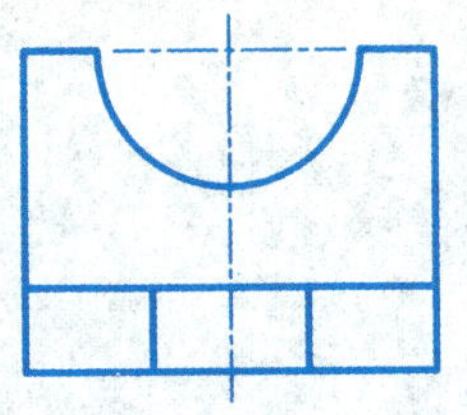

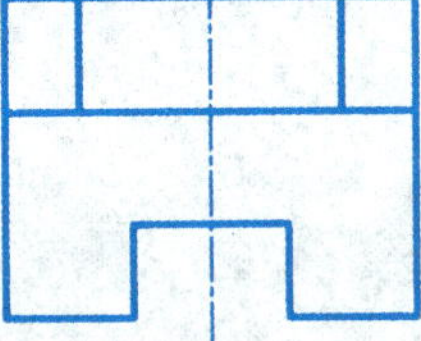

2)

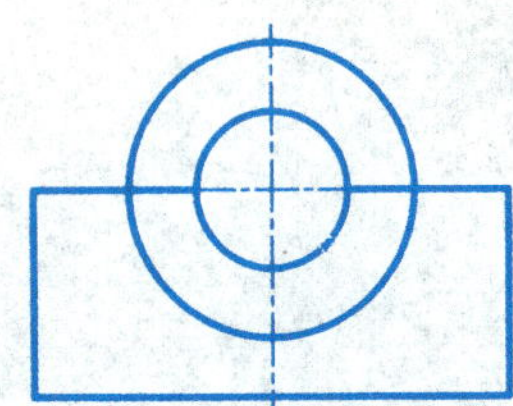

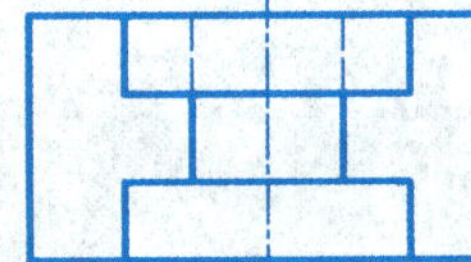

6.1 读懂机件的六个视图，并标注向视图的投影方向及名称

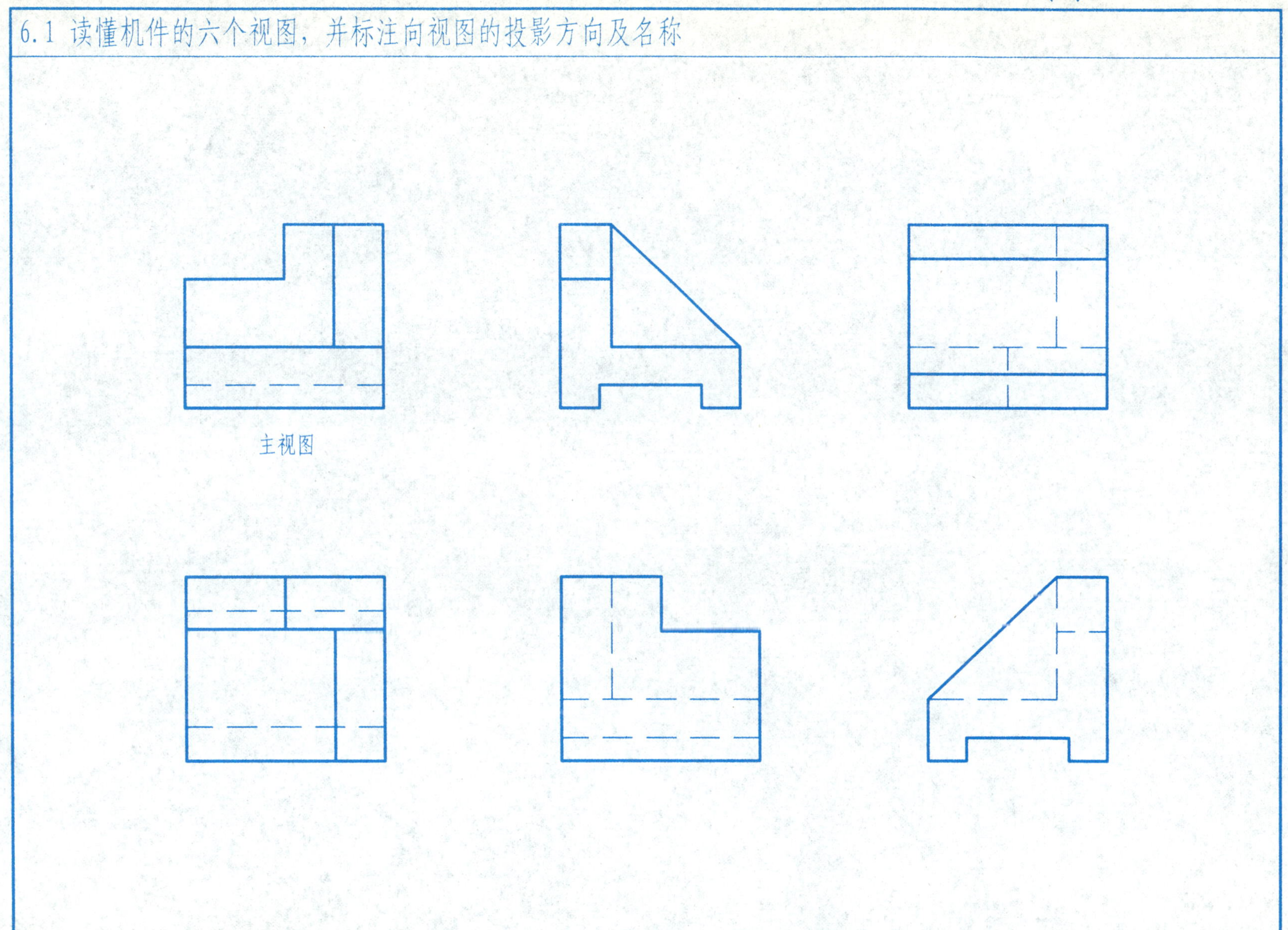

班级　　　　　　姓名　　　　　　学号

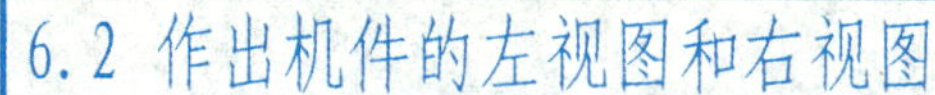

6.2 作出机件的左视图和右视图

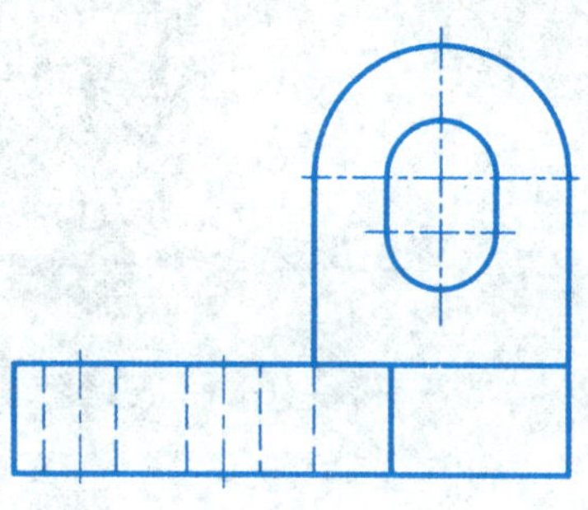

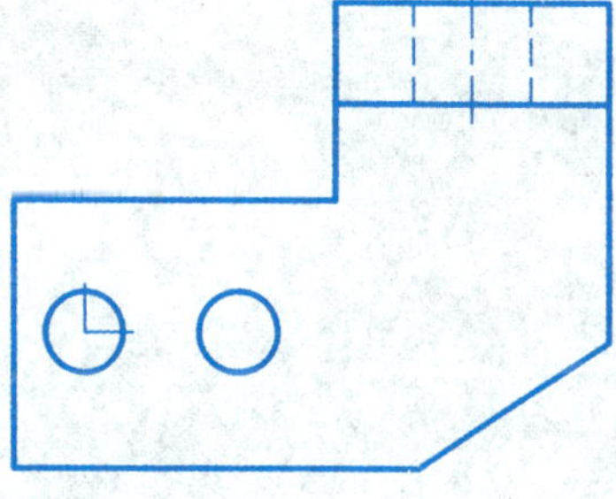

6.3 作出机件A、B局部视图

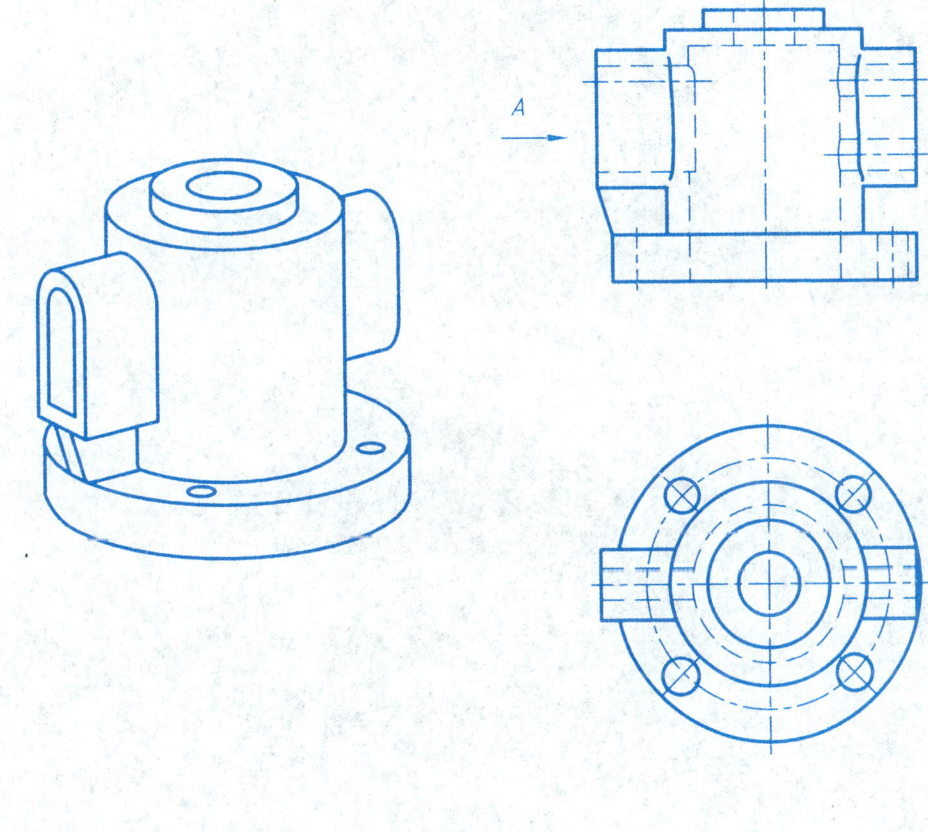

班级　　　　姓名　　　　学号

6.4 读懂机件形状，作A向斜视图

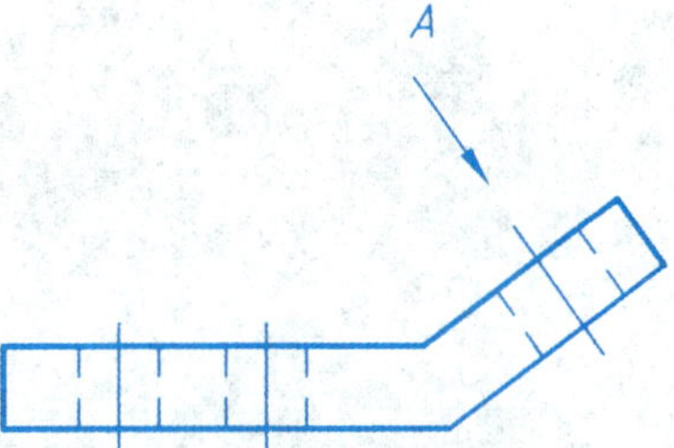

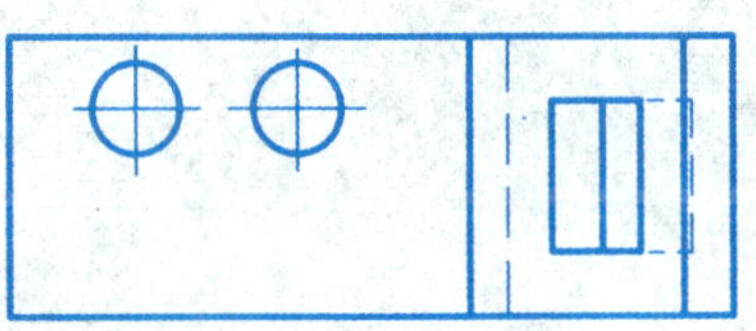

6.5 剖视图

1) 作左视图的全剖视图。

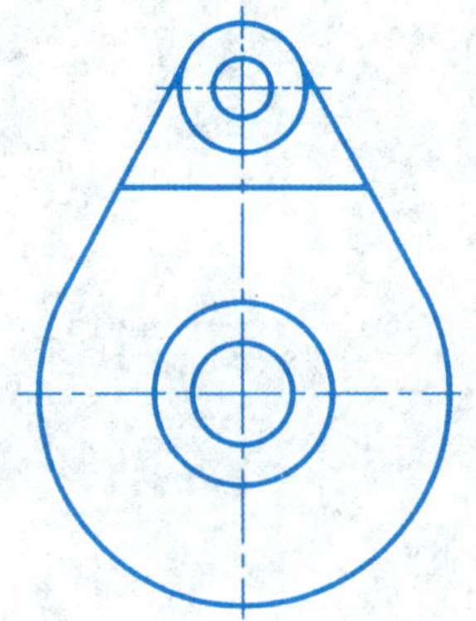

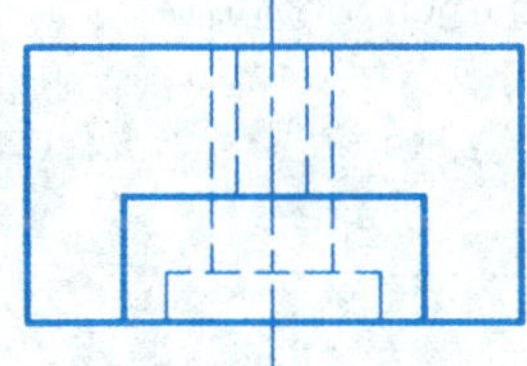

6.5 剖视图(续)

2) 补画下列剖视图中漏画的图线。

(1)

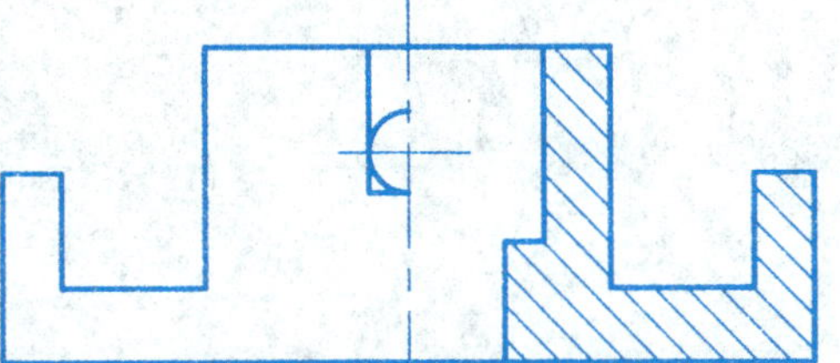

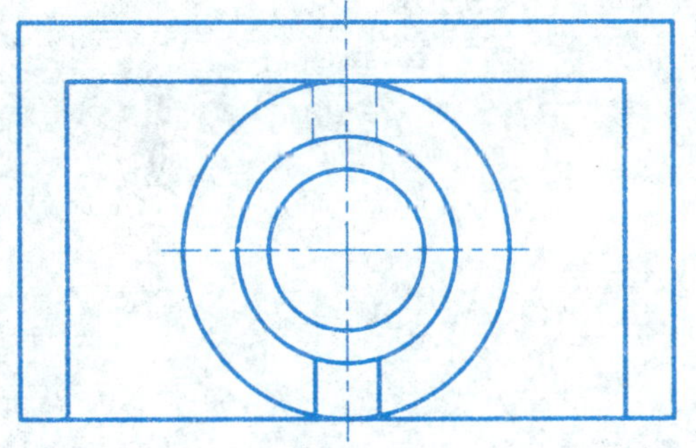

(2)

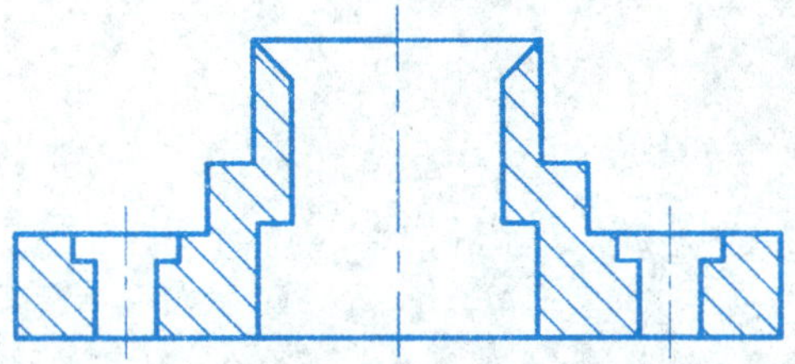

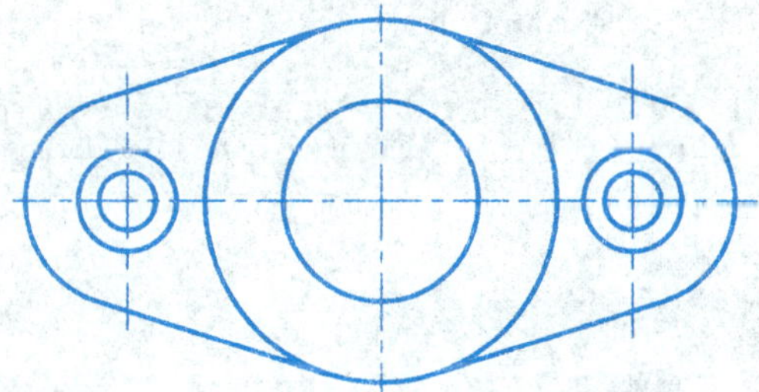

6.5 剖视图(续)

3) 在指定位置将主视图画成半剖视图。

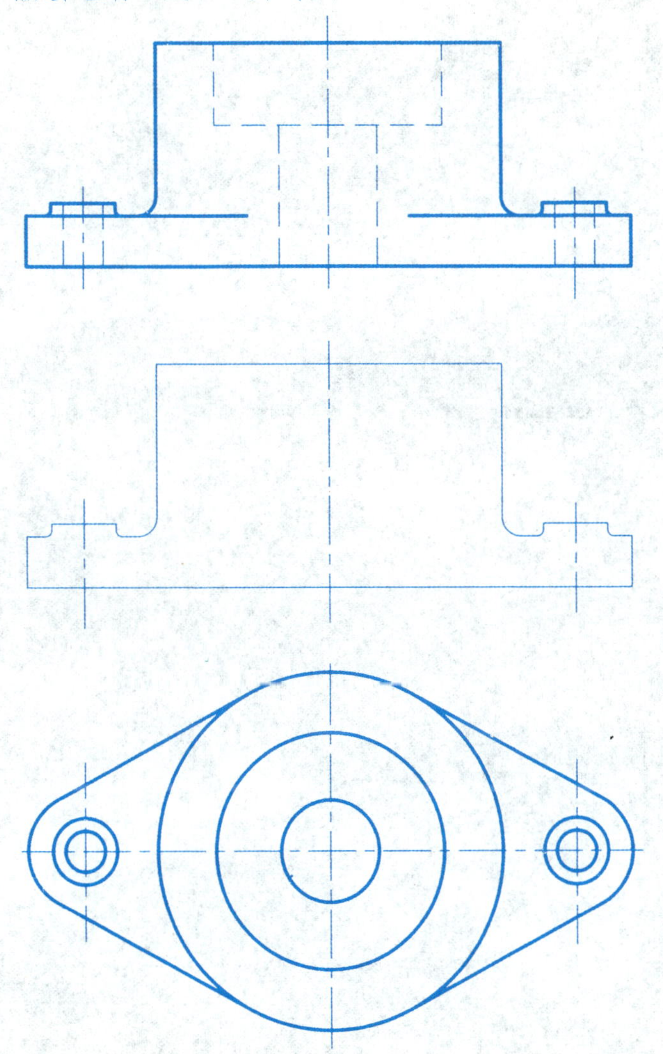

4) 在指定位置将俯视图中的孔画成局部剖视图。

6.5 剖视图(续)

5) 沿指定方向作A-A剖视图。

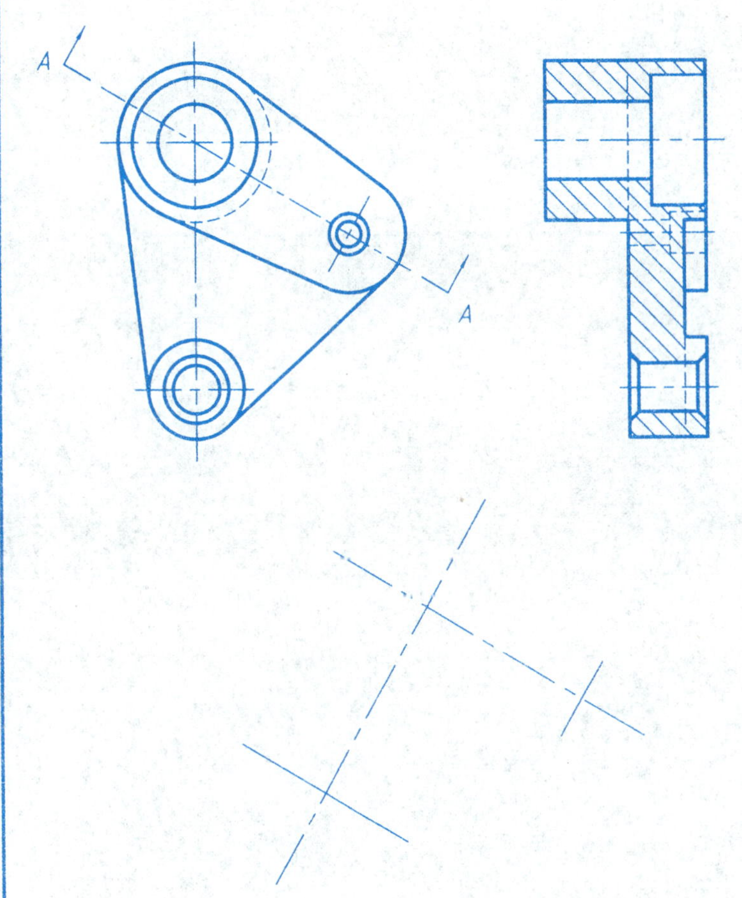

6) 用两个相交平面剖切，完成机件的俯视图。

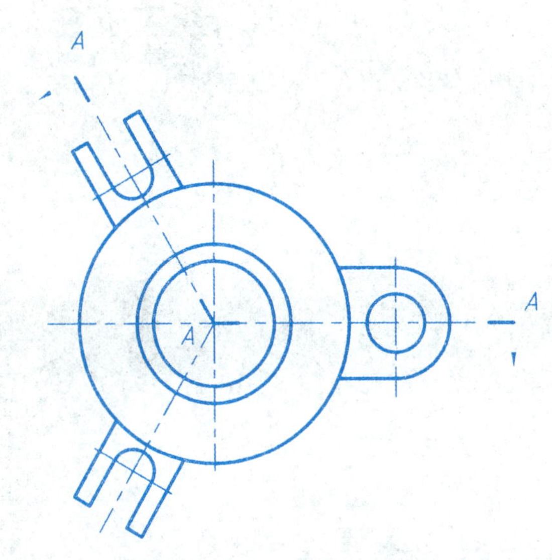

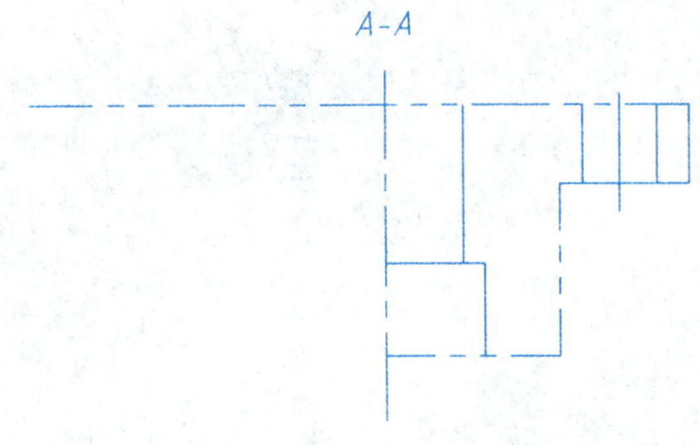

6.5 剖视图(续)

7) 用两个平行平面剖切，完成机件的主视图。

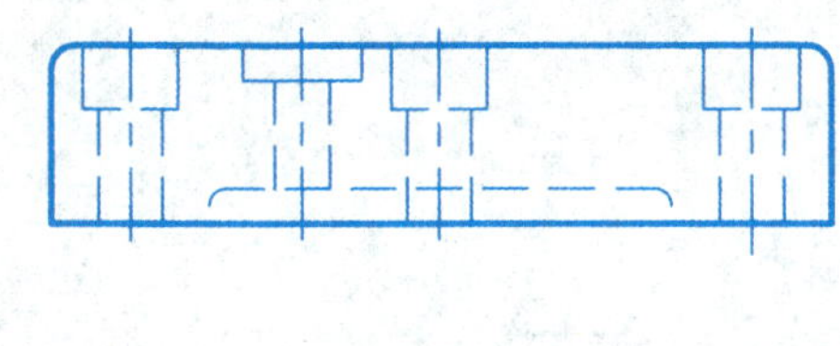

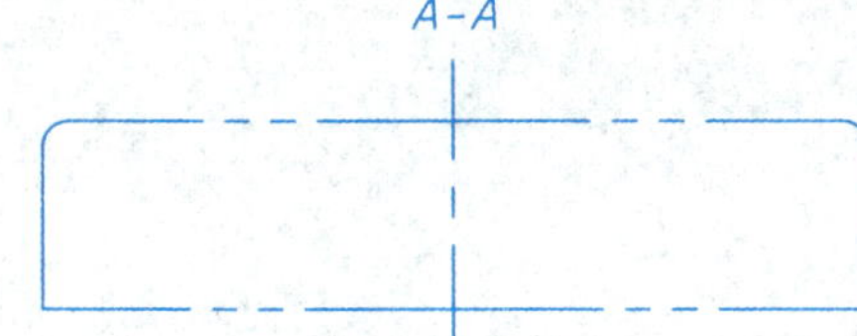

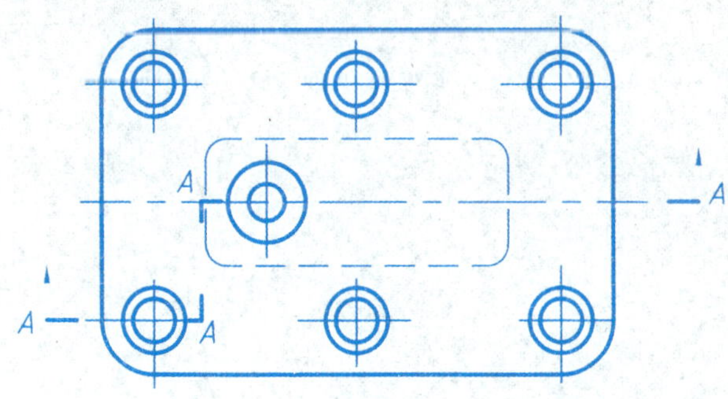

8) 用展开法作剖视图。

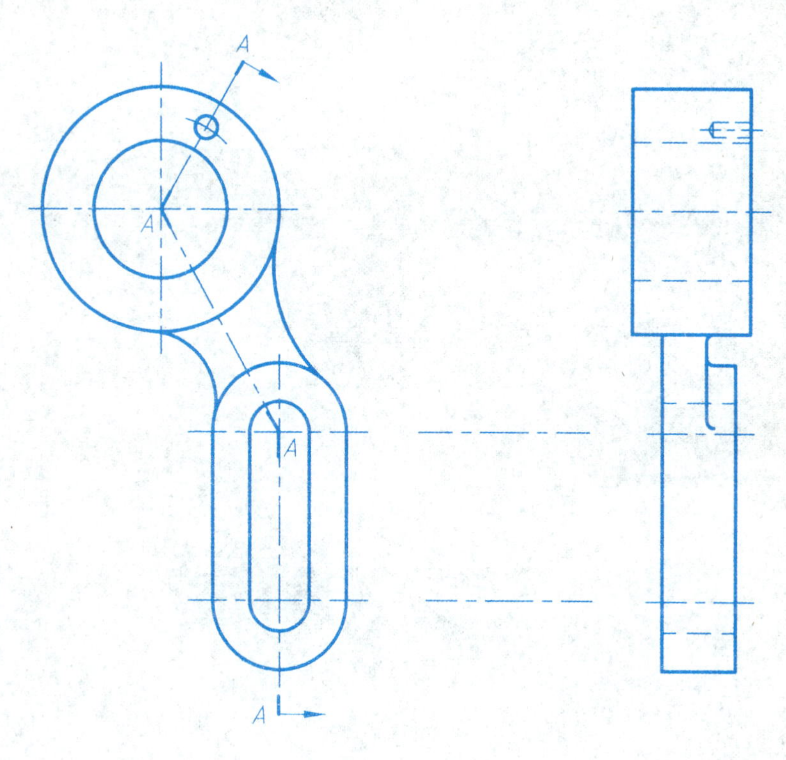

班级　　　　　　姓名　　　　　　学号

6.6 断面图

1) 作$A-A$和$B-B$断面把键槽和销孔表示出来，槽深4mm，销孔为通孔。

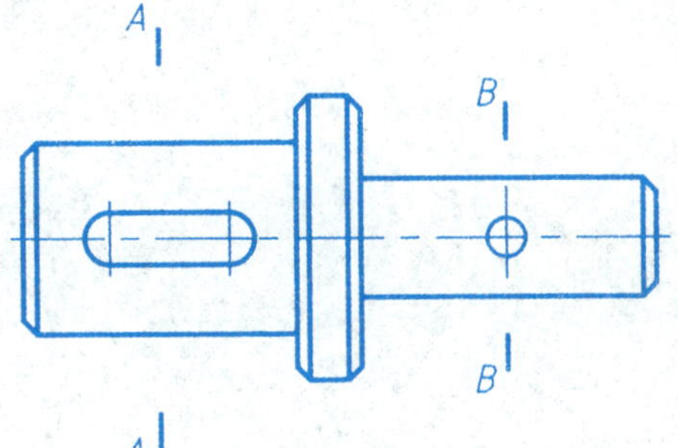

2) 作肋板的重合断面图和孔的局部剖视图。

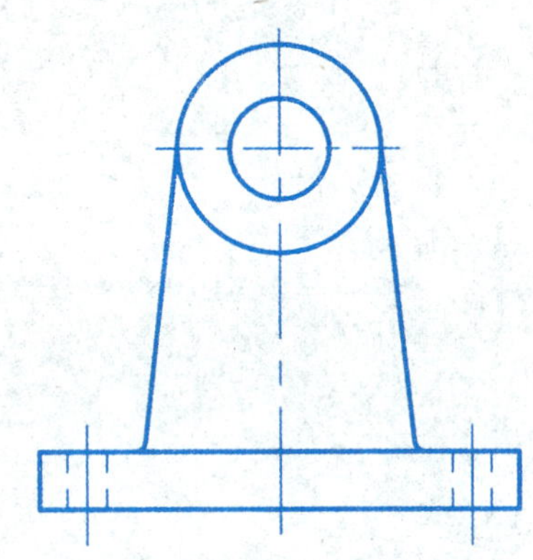

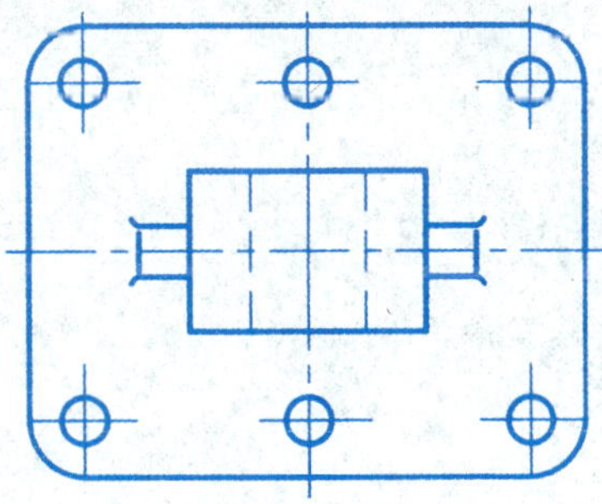

6.7 简化画法和规定画法

1) 改正图中的错误，并在指定的位置画出正确的剖视图。

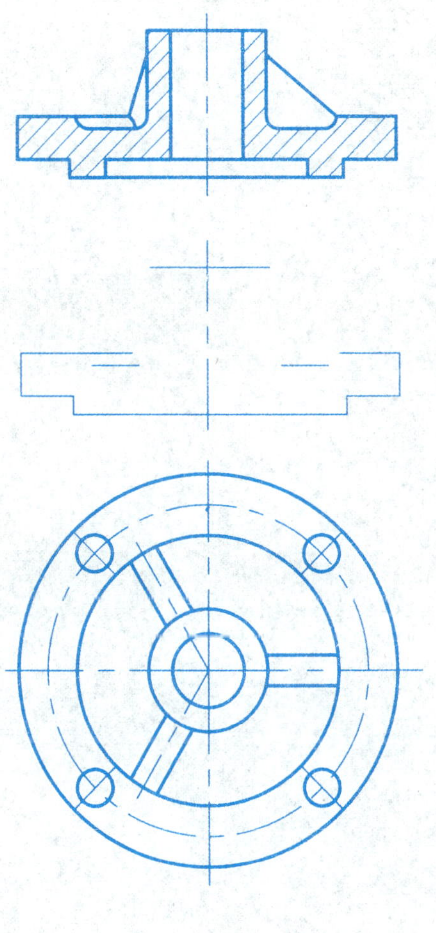

2) 用简化画法绘制法兰盘螺栓孔的俯视图。

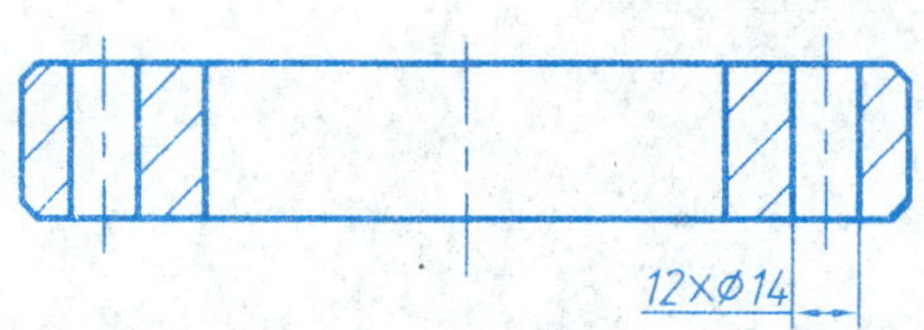

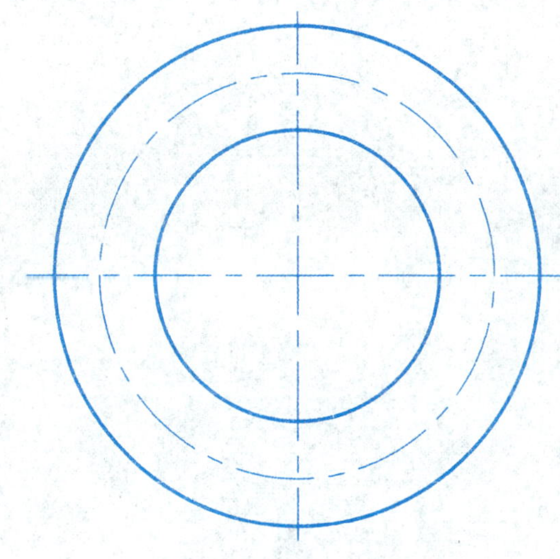

班级　　　　　姓名　　　　　学号

7.1 螺纹画法

1）分析外螺纹画法中的错误，在指定位置画出正确的图形。

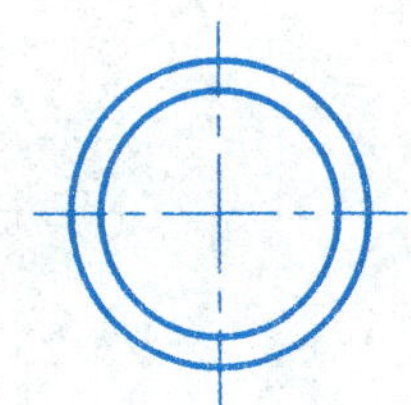

2）分析内螺纹画法中的错误，在指定位置画出正确的图形。

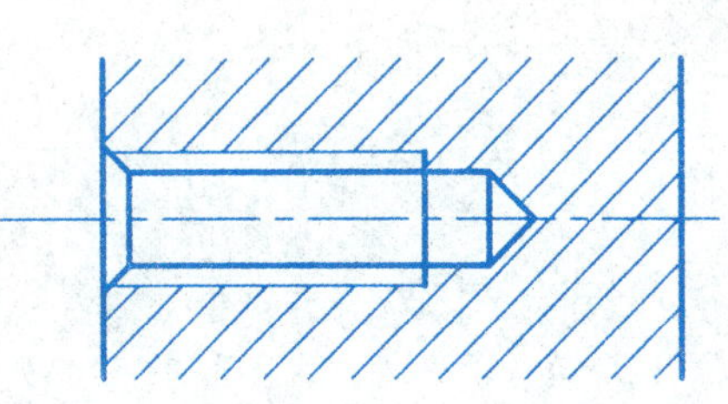

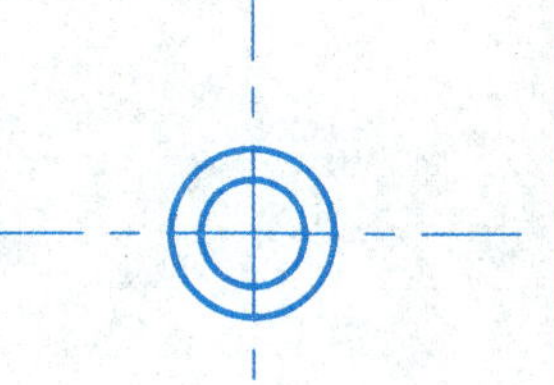

3）分析螺纹连接的错误，并在指定位置画出正确图形。

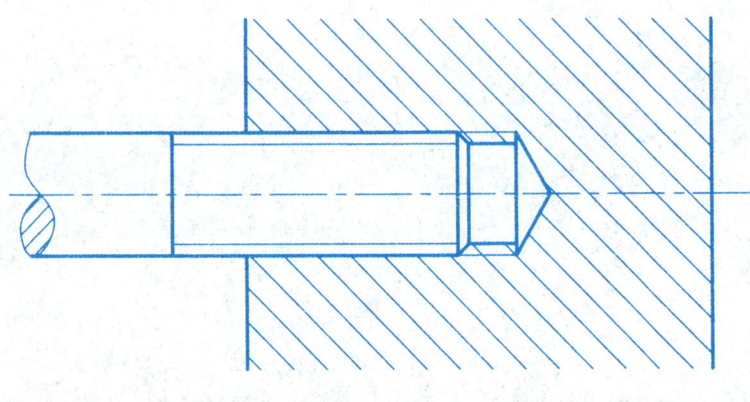

班级　　　　姓名　　　　学号

7.2 螺纹标记

1) 根据螺纹标记查出表内所要求的内容，并填入表中。

螺纹标记	螺纹种类	公称直径	导程	螺距	线数	旋合长度	公差带代　号	旋向
M20-5g6g-s								
M20-6g-s								
M20 × 1-6H-L-LH								
Tr50 × 24(P8)-8e-L								
G1/2A								
B32 × 6-7e								

2) 梯形外螺纹，公称直径16mm，公差带代号7e，导程8mm，线数2，螺纹长度30mm，左旋，倒角C2。在图上标出螺纹标记。

3) 55° 非密封管螺纹，尺寸代号1/2，公差等级A，长度30mm，倒角C2。在图上标注出螺纹标记。

4) 55° 密封管螺纹，尺寸代号1/2，长度25mm。在图上标注螺纹标记。

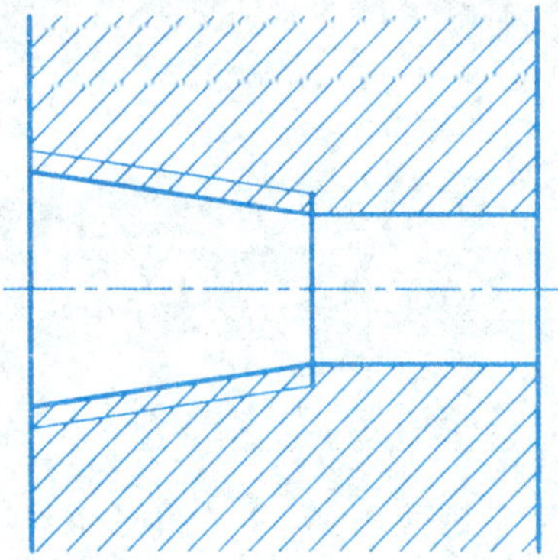

7.3 根据所给图形及尺寸，查表给出螺纹紧固件标记

1) 六角头螺栓。

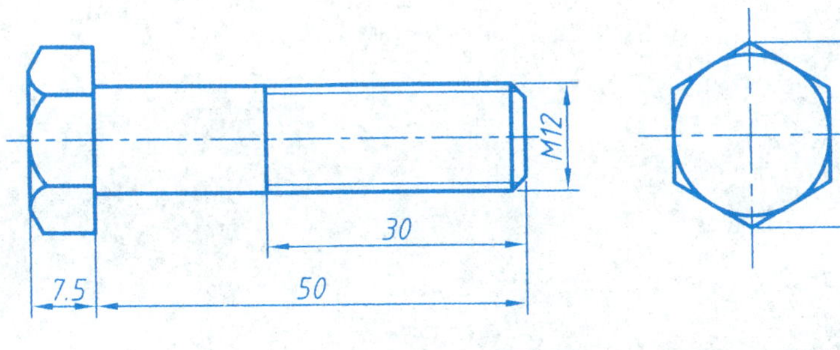

标记 ______________________

2) 双头螺柱(bm=1d)。

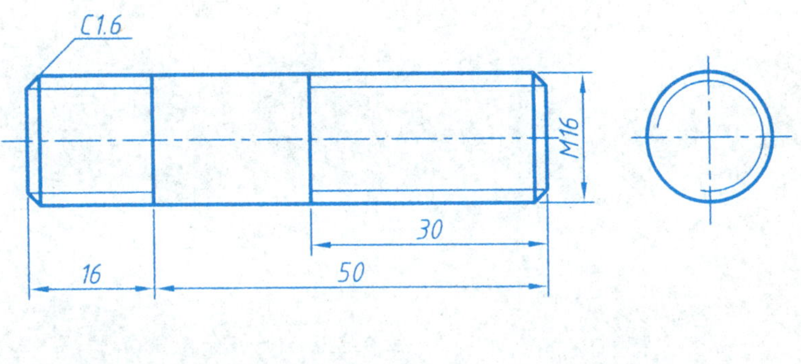

标记 ______________________

3) 开槽圆柱头螺钉。

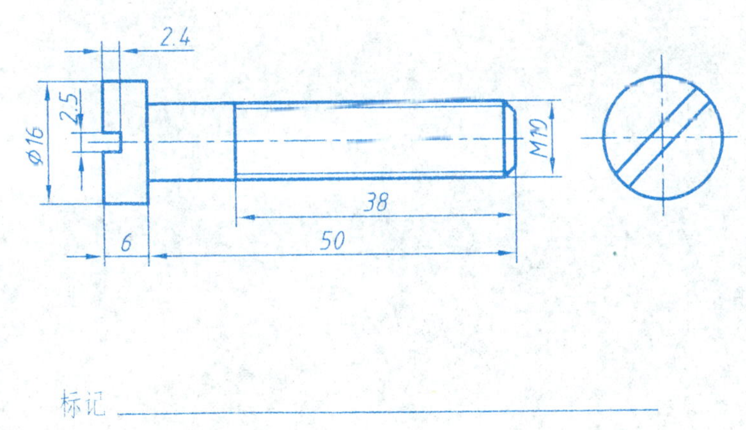

标记 ______________________

4) I 型六角螺母。

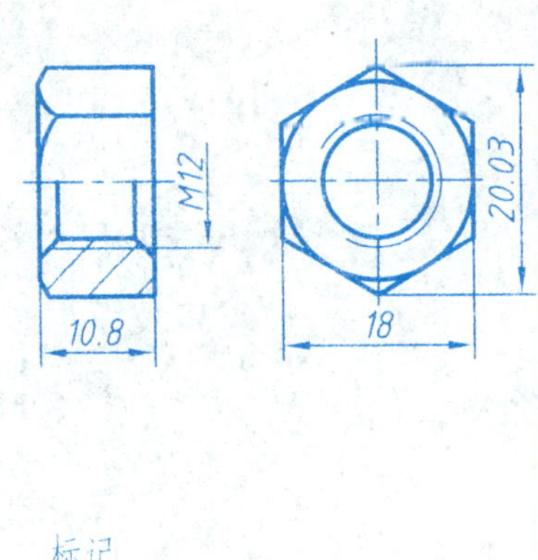

标记 ______________________

5) 平垫圈。

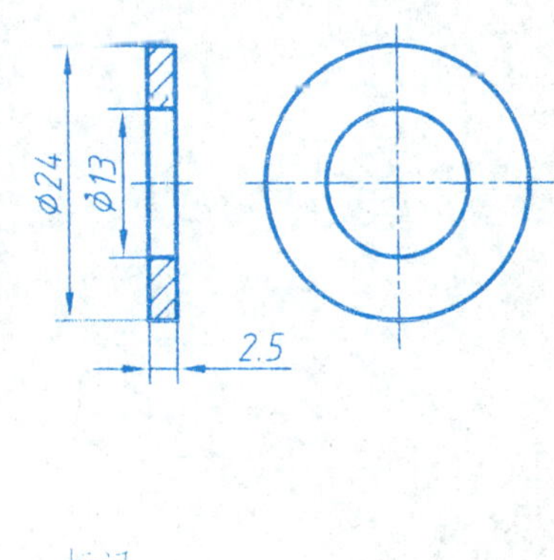

标记 ______________________

7.4 螺纹紧固件连接的画法

一、作业内容

用比例画法画螺栓、螺柱、螺钉连接图（从右表中选一组，画图时可参见所给的“螺纹紧固件连接”图）。

组别	螺栓连接		螺柱连接				螺钉连接				
	公称直径 mm	每块板厚 mm	公称直径 mm	盖板厚 mm	机体厚 mm	机体材料	螺钉种类	公称直径 mm	光孔件厚 mm	盲孔件厚 mm	盲孔件材料
1	M8	23	M10	20	38	铸钢	开槽圆柱头	M8	33	50	铸铁
2	M10	23	M12	20	38	铸钢	开槽沉头	M10	42	60	铸铁
3	M16	30	M16	30	60	铸铁	开槽圆柱头	M10	25	30	铸钢
4	M20	42	M20	30	60	铸铁	开槽沉头	M10	23	32	铸钢

二、作业目的

1. 掌握螺栓、螺柱、螺母、垫圈和螺钉的查表、选用方法。
2. 掌握螺纹紧固件连接的比例画法和标记的注法。

三、作业指标

1. 选用适当比例，确定所需图纸幅面。
2. 根据给定数值计算所选用的螺栓、螺柱、螺钉的长度，并查表确定其公称长度。
3. 用选用的螺栓、垫圈和螺母连接两块金属板，画出螺栓连接的主、俯视图。
4. 用选用的双头螺柱、弹簧垫圈、螺母连接盖板和机体，画出螺柱连接的主、俯视图。
5. 用选用的螺钉连接光孔件、螺纹盲孔件，画出螺钉连接的主俯视图。
6. 注出所选用螺纹紧固件的标记，并填写标题栏。

1) 六角头螺栓连接。

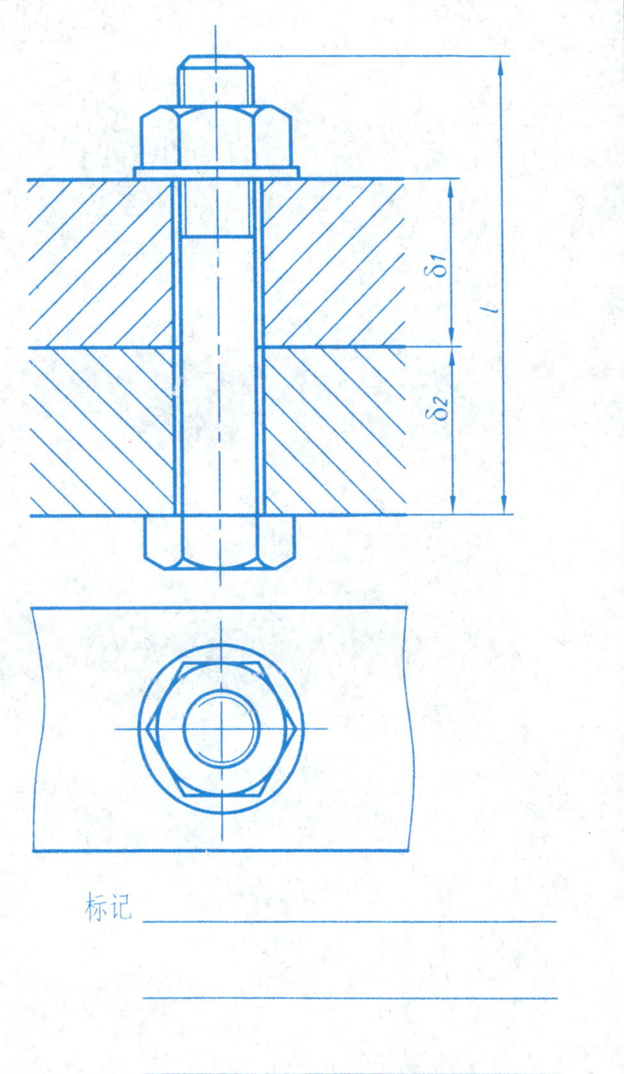

班级　　　　　　姓名　　　　　　学号

7.4 螺纹紧固件连接的画法（续）

2）双头螺柱连接画法和标记。

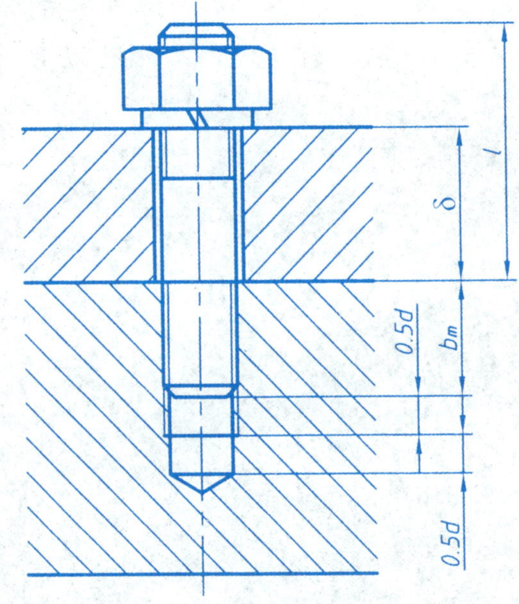

标记 ________________

____

____

3）开槽沉头螺钉连接画法和标记。

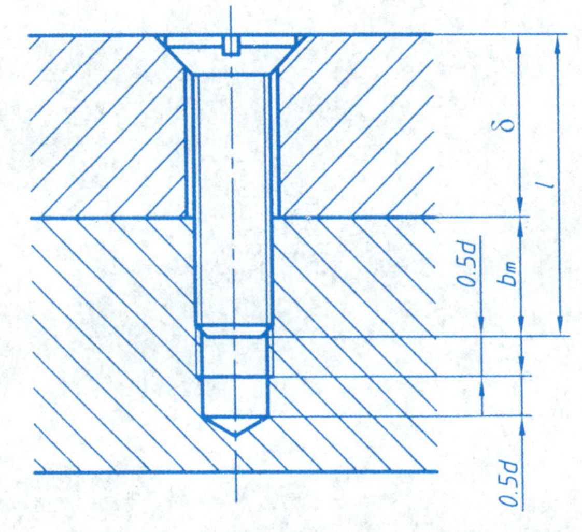

标记 ________________

____

____

7.5 键、销

1) 查表确定键槽的尺寸，画出轴的断面图A-A，并注全键槽的尺寸(普通型平键，键宽6mm)。

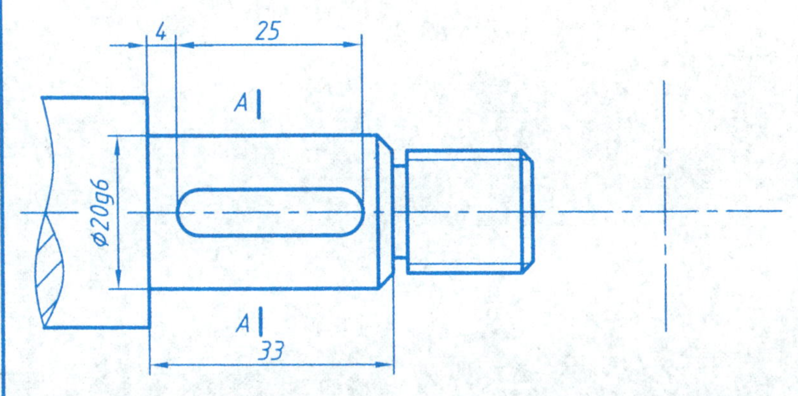

2) 画出带轮轮毂部分的局部视图，并注全键槽尺寸(普通型平键，键宽6mm)。

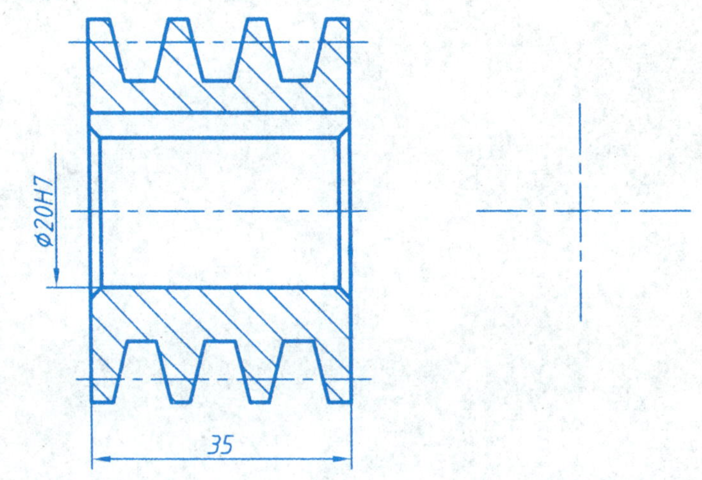

3) 用普通平键(键宽6mm)将1)、2)两图中的轴和带轮连接起来，画出连接装配图并写出键的标记。

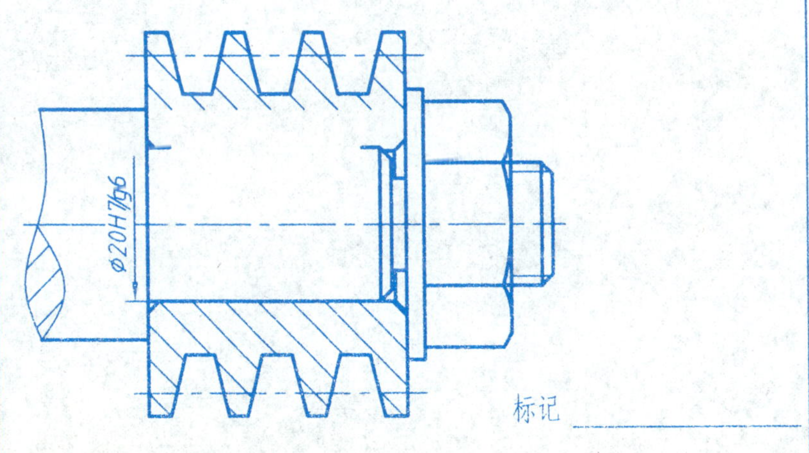

标记 ______

4) 根据所给图形尺寸，查表确定适当的Ø6圆锥销长度，画出销连接的装配图，并写出销的标记。

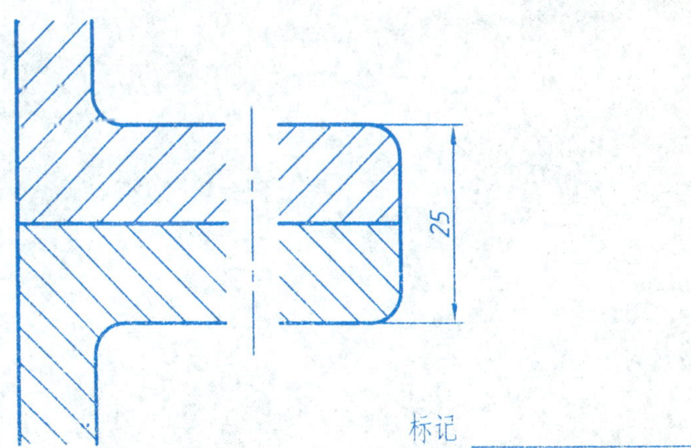

标记 ______

班级　　　　姓名　　　　学号

7.6 轴承画法

根据给定滚动轴承的标记(6208 GB/T 276)，查表并用规定画法按1∶1在所给图形轴肩处画出该滚动轴承。

7.7 齿轮画法

1) 已知一直齿圆柱齿轮,m=3,Z=28,试按规定画法画全齿轮的主视图,并注全尺寸,其中倒角均为C1，比例1∶1。

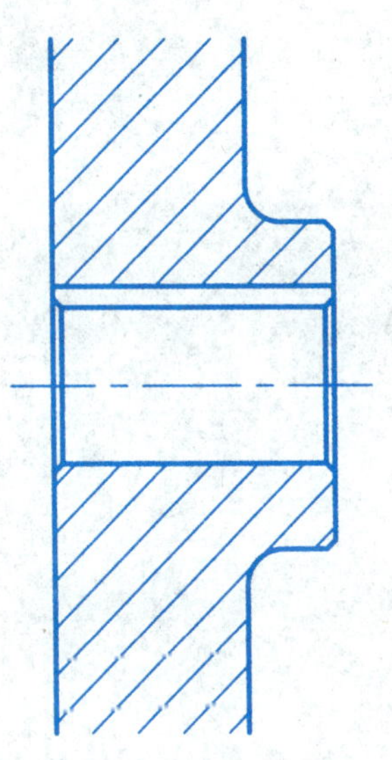

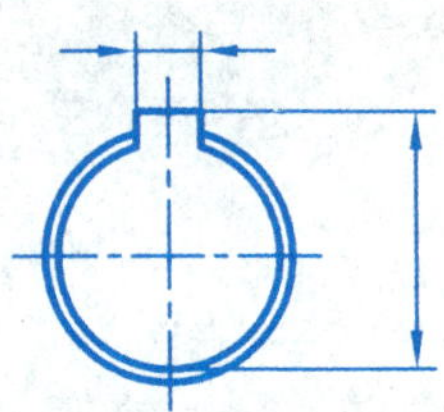

7.7 齿轮画法(续)

2) 已知一对直齿圆柱齿轮啮合, m=3, Z_1=14, Z_2=20, 两齿轮轴孔和键槽尺寸相同, 试按规定画法画全两齿轮啮合的两个视图，比例1：1。

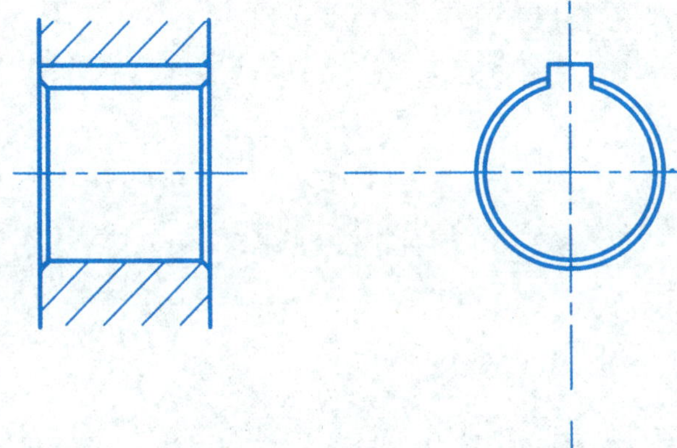

7.8 弹簧画法

已知一圆柱螺旋压缩弹簧，支承圈为2.5圈，其标记为YA 6×38×60 GB/T 2089-1994，画出该弹簧的剖视图，比例1：1。

班级　　　　　姓名　　　　　学号

8.1 画零件图

1) 根据轴的轴测图，画出其零件草图和零件图(自选图幅和比例)。

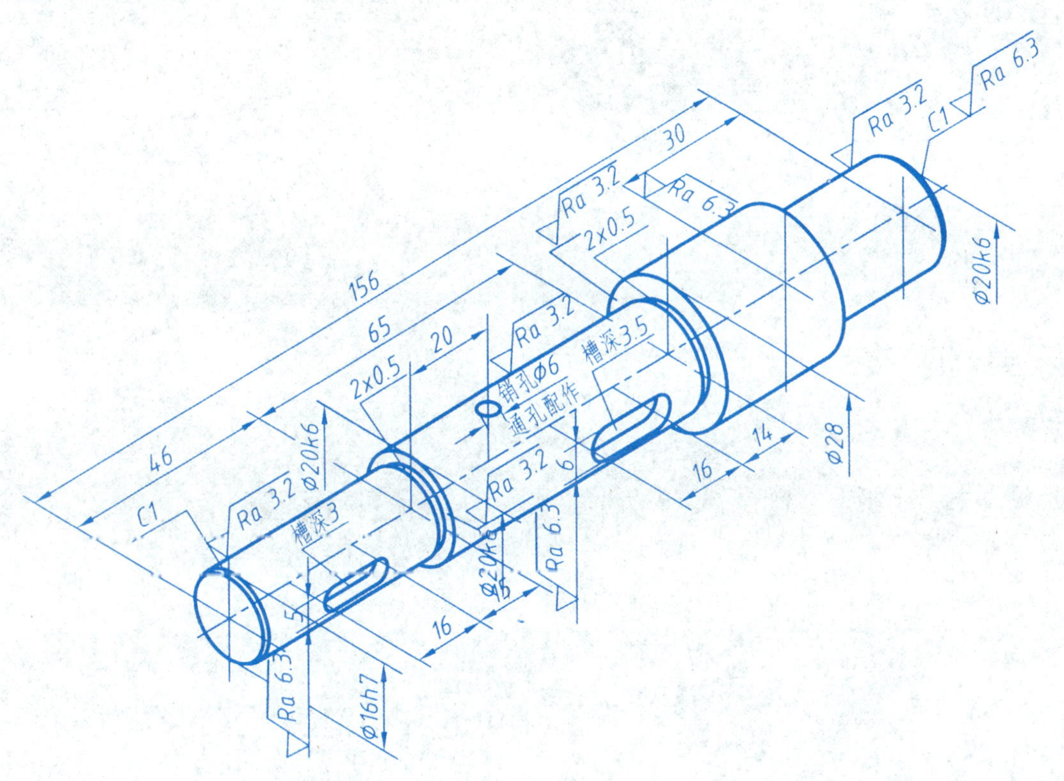

名称：轴

材料：45

Ra 6.3 (√)

8.1 画零件图（续）

2）根据盖的轴测图画出其零件草图和零件图（自选图幅和比例）。

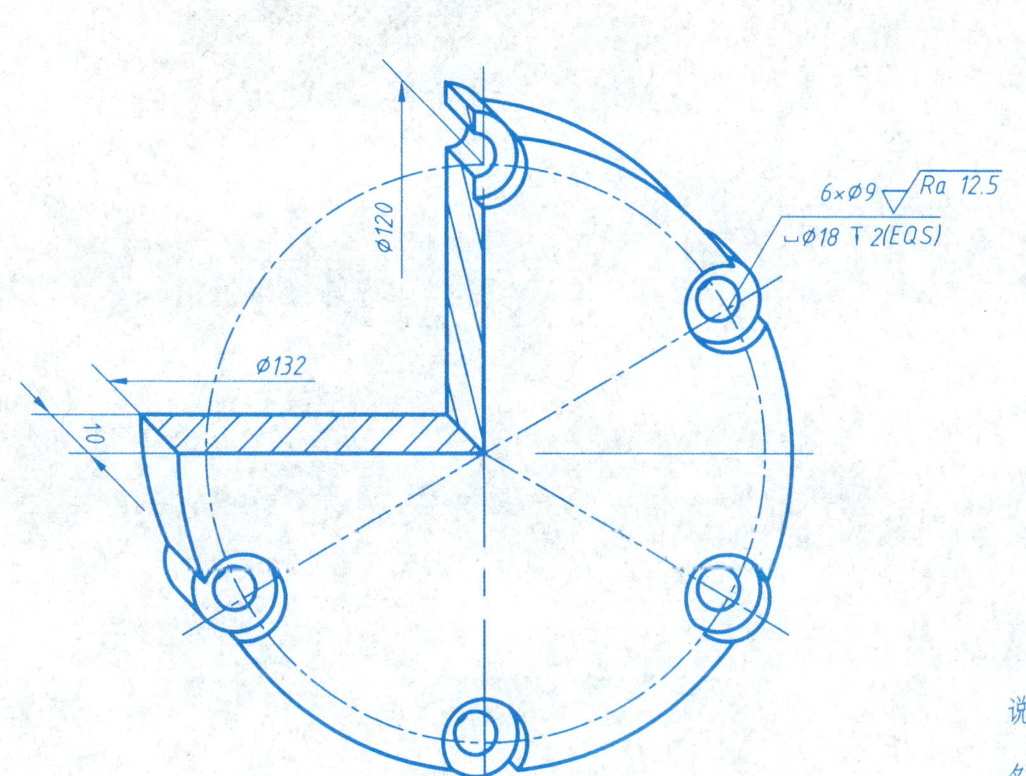

说明：后端面粗糙度为 Ra 6.3

名称：端盖

材料：HT150

8.1 画零件图（续）

3）根据支架的轴测图画出其零件草图和零件图(自选图幅和比例)。

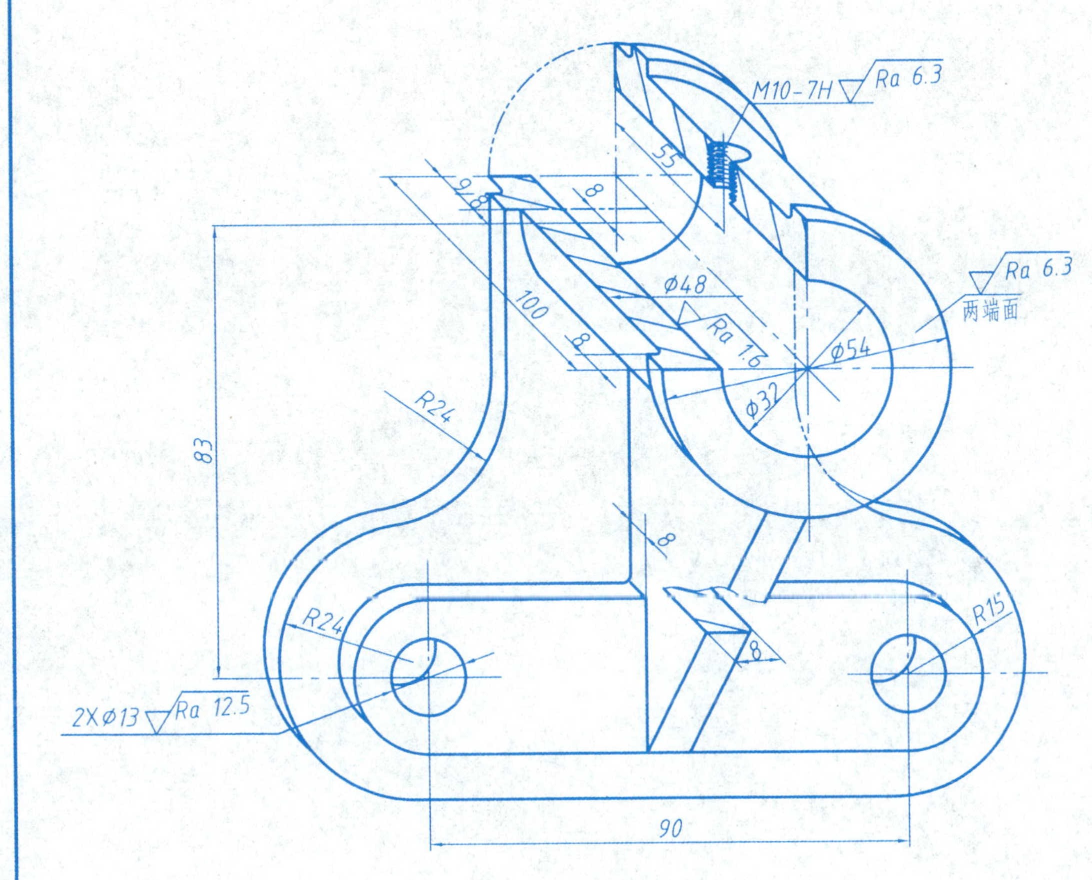

名称：支架

材料：HT150 (√)

8.1 画零件图（续）

4）根据箱体的轴测图画出其零件草图和零件图(自选图幅和比例)。

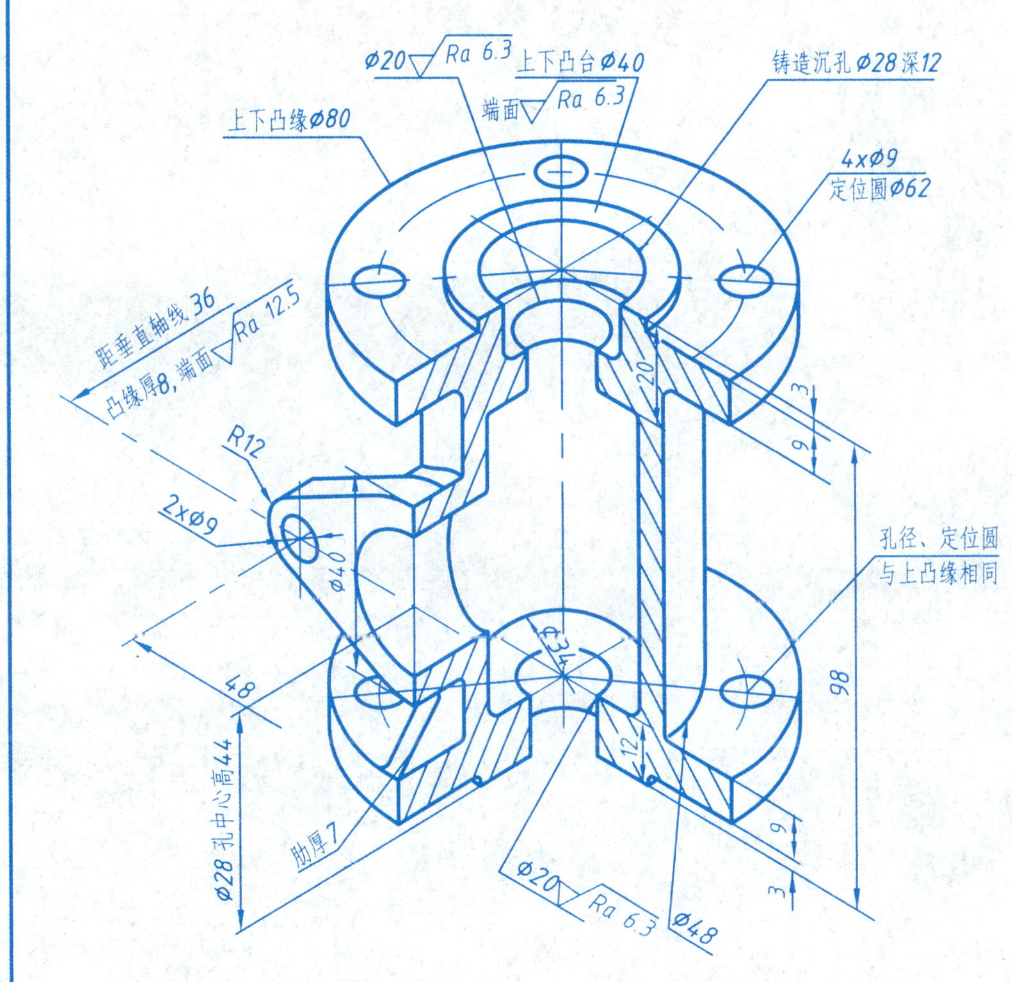

名称：箱体

材料：HT150 (√)

8.2 零件图技术要求

1）依据说明标注表面结构要求。

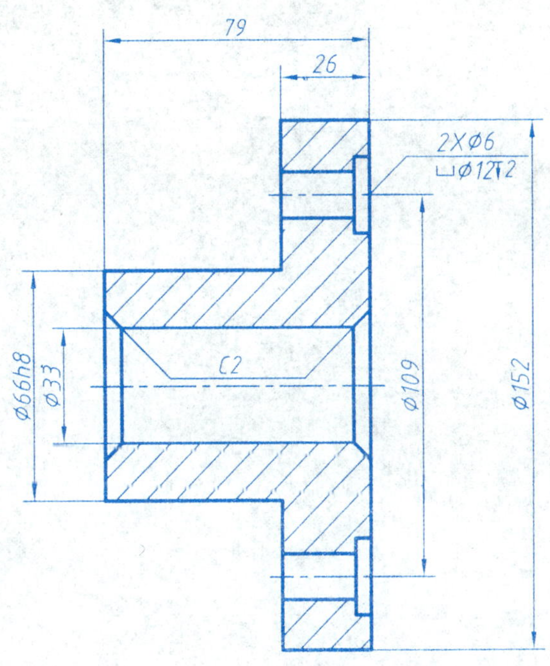

说明:

1. Φ66H8 孔内表面结构要求为 $\sqrt{Ra\ 3.2}$。
2. 图中两个沉孔内表面结构要求为 $\sqrt{Ra\ 12.5}$。
3. Φ33 孔内表面结构要求为 $\sqrt{Ra\ 3.2}$。
4. 长度尺寸 79 和 26 左端面的表面结构要求为 $\sqrt{Ra\ 6.3}$。
5. 其他外表面均为不加工表面 ◯√ （√）。

8.2 零件图技术要求（续）

2） 根据轴和套装配图中标注的配合代号查表标注各零件图中的基本尺寸和上下偏差。

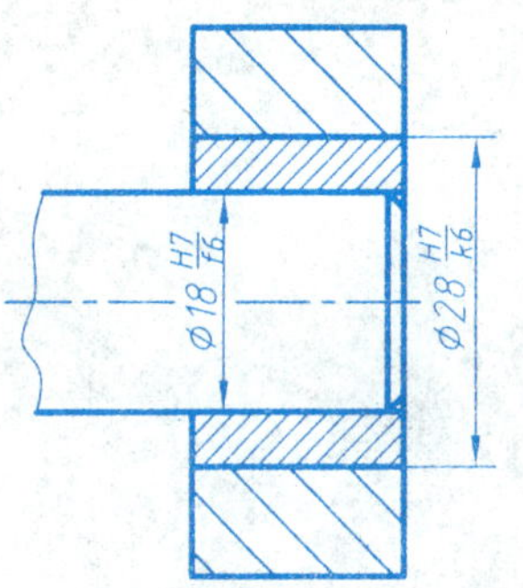

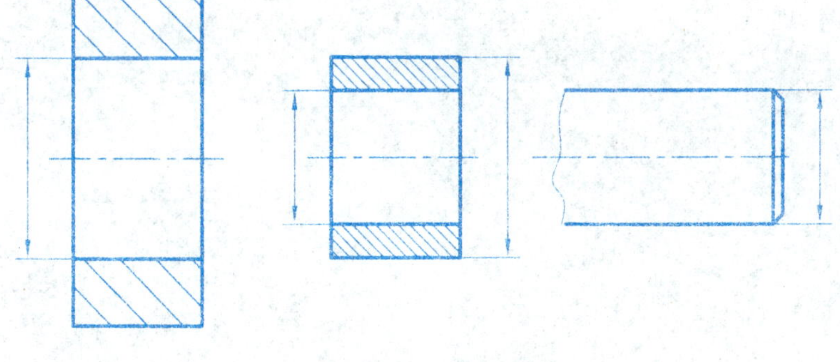

3） 根据销和孔装配图中标注的配合代号查表标注各零件图中的基本尺寸和上下偏差。

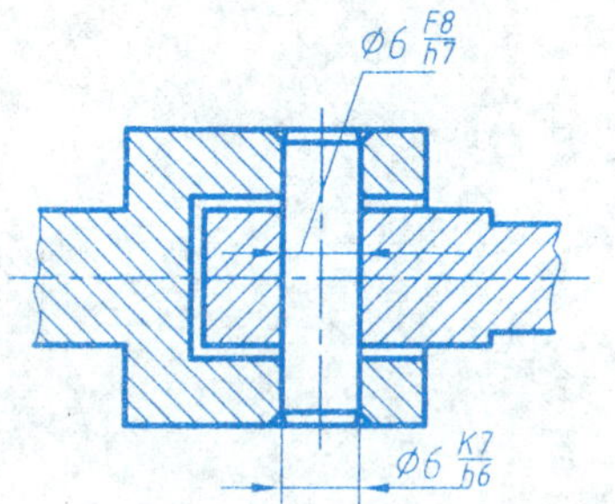

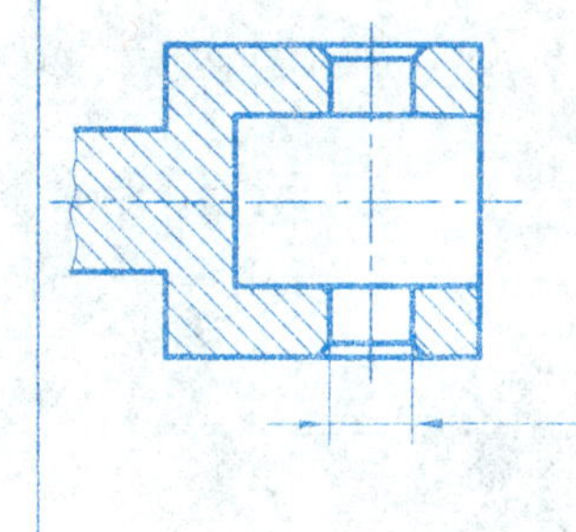

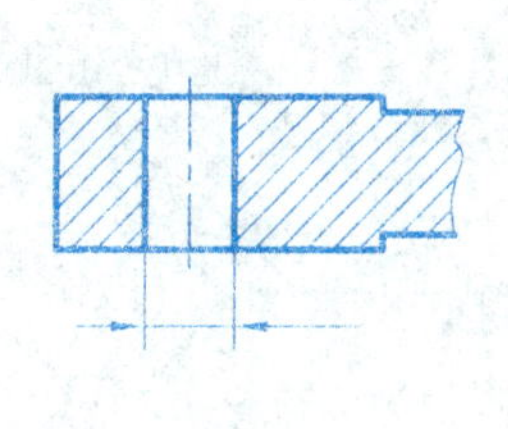

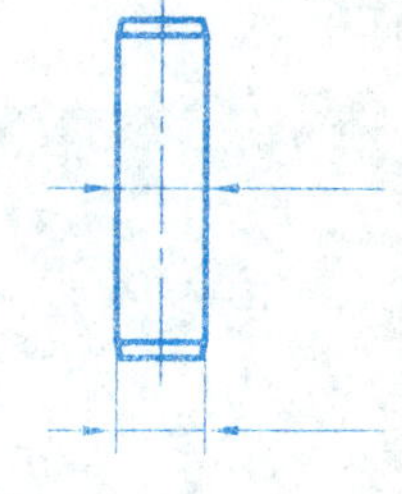

8.2 零件图技术要求（续）

4）依据说明标注几何公差。

(1)

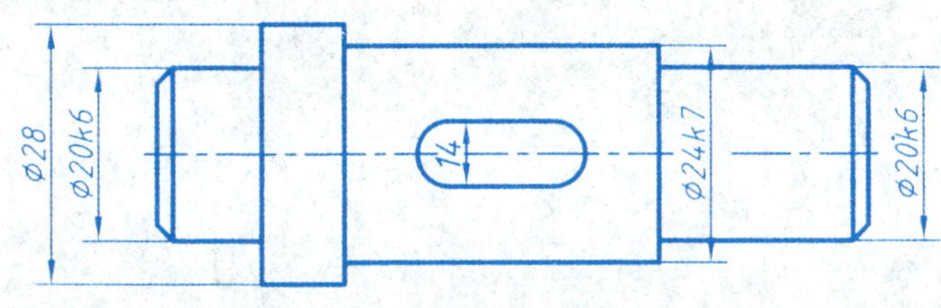

说明:

1. Φ20k6 圆柱面的圆柱度公差为0.04mm。
2. Φ24k7 圆柱面对两个Φ20K6 公共轴线的圆跳动公差 0.04mm。
3. Φ28 轴肩右端面对Φ24k7 轴线的全跳动公差为 0.02mm。
4. 图中键槽的上下对称平面对 Φ24K7基准中心平面的对称度公差为0.03mm。

(2)

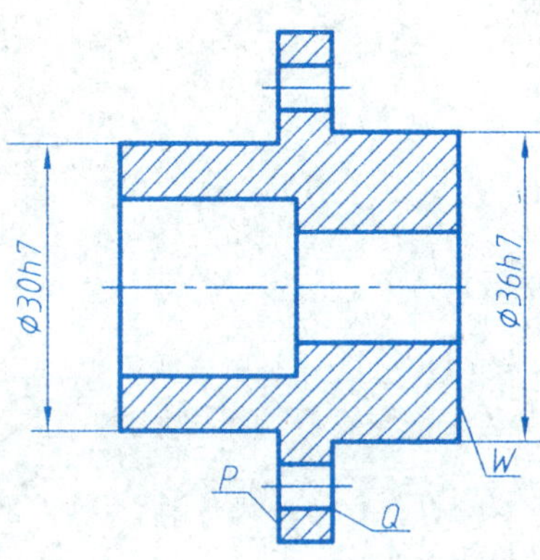

说明:

1. P面对Φ36h7 轴线的垂直度公差为 0.02mm。
2. Q、W面对Φ36h7 轴线的垂直度公差为0.025mm。
3. Φ36h7 轴线对Φ36h7 轴线的垂直度公差为Φ0.1mm。
4. Φ36h7 圆柱面的圆柱度公差为0.005mm。

8.3 读零件图

1) 读懂轴零件图并回答问题。

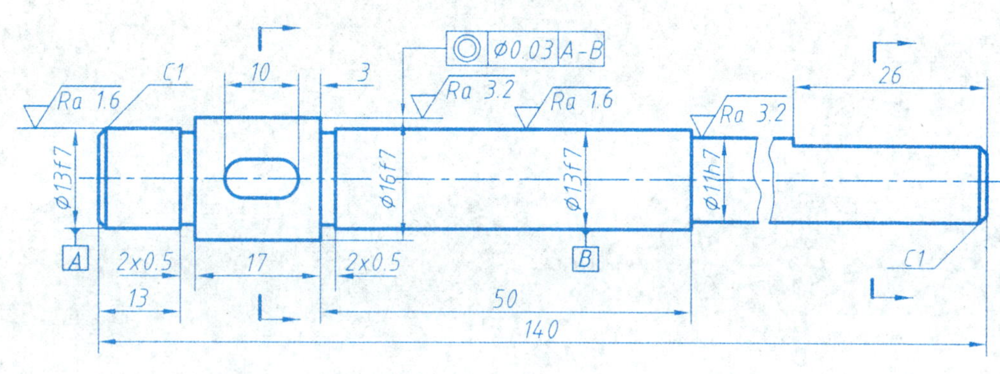

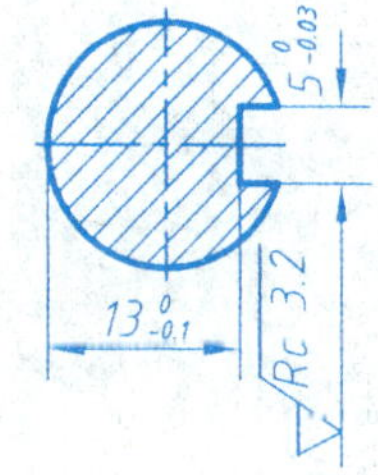

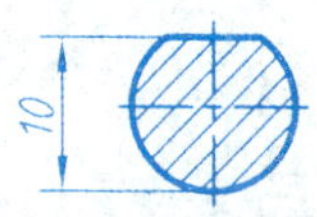

回答问题：

1. 表达该零件的一组图形是哪些？
2. 轴上键槽的长度和宽度分别是多少？
3. 在轴的主视图中标注轴向尺寸主要基准和径向尺寸基准。
4. 说明主视图中标注φ16f7的含义是什么？
5. 说明主视图中标注 ◎ φ0.03 A-B 的含义是什么？
6. 说明主视图中标注的尺寸2X0.5的含义是什么？

技术要求

调质处理T235。

Ra 6.3 (√)

轴		材料	45	比例	1:4
		件数		图号	
制图	(日 期)	(校名、班级、学号)			
审核	(日 期)				

8.3 读零件图(续)

2) 读懂端盖零件图并回答问题。

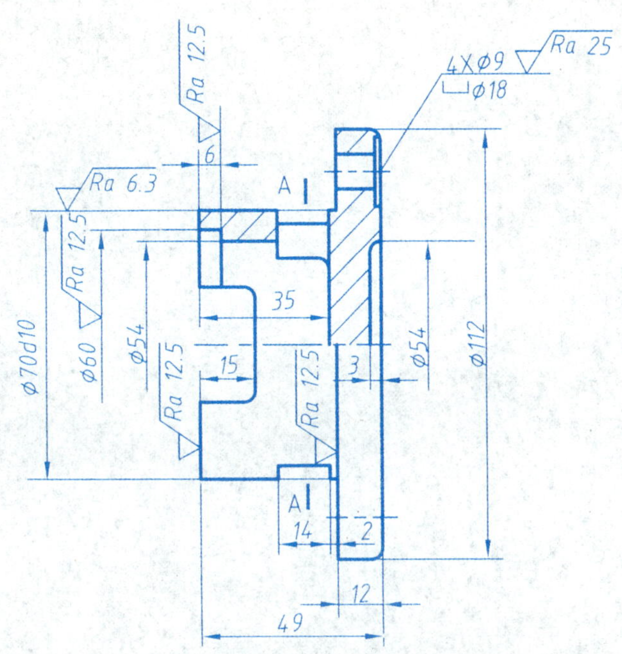

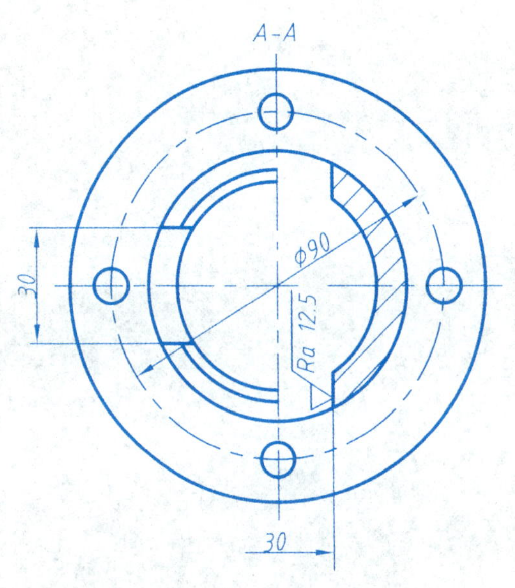

技术要求

1. 未注明的铸造圆角均为R3。
2. 铸件应时效处理，以消除内应力。

回答问题:

1. 该零件图采用的表达方法是哪些?
2. 在图中标注出该零件图在三个方向的尺寸基准。
3. 该零件图中共有多少个沉孔,说明其尺寸标注的含义。
4. 说明零件的总体尺寸是多少?
5. 说明图中标注的尺寸Φ70d10的含义是什么?

<table>
<tr><td colspan="2" rowspan="2">盖</td><td>材料</td><td>HT200</td><td>比例</td><td>1:2</td></tr>
<tr><td>件数</td><td></td><td>图号</td><td></td></tr>
<tr><td>制图</td><td>(日 期)</td><td colspan="4" rowspan="2">(校名、班级、学号)</td></tr>
<tr><td>审核</td><td>(日 期)</td></tr>
</table>

8.3 读零件图(续)

3) 读懂脚架零件图并回答问题。

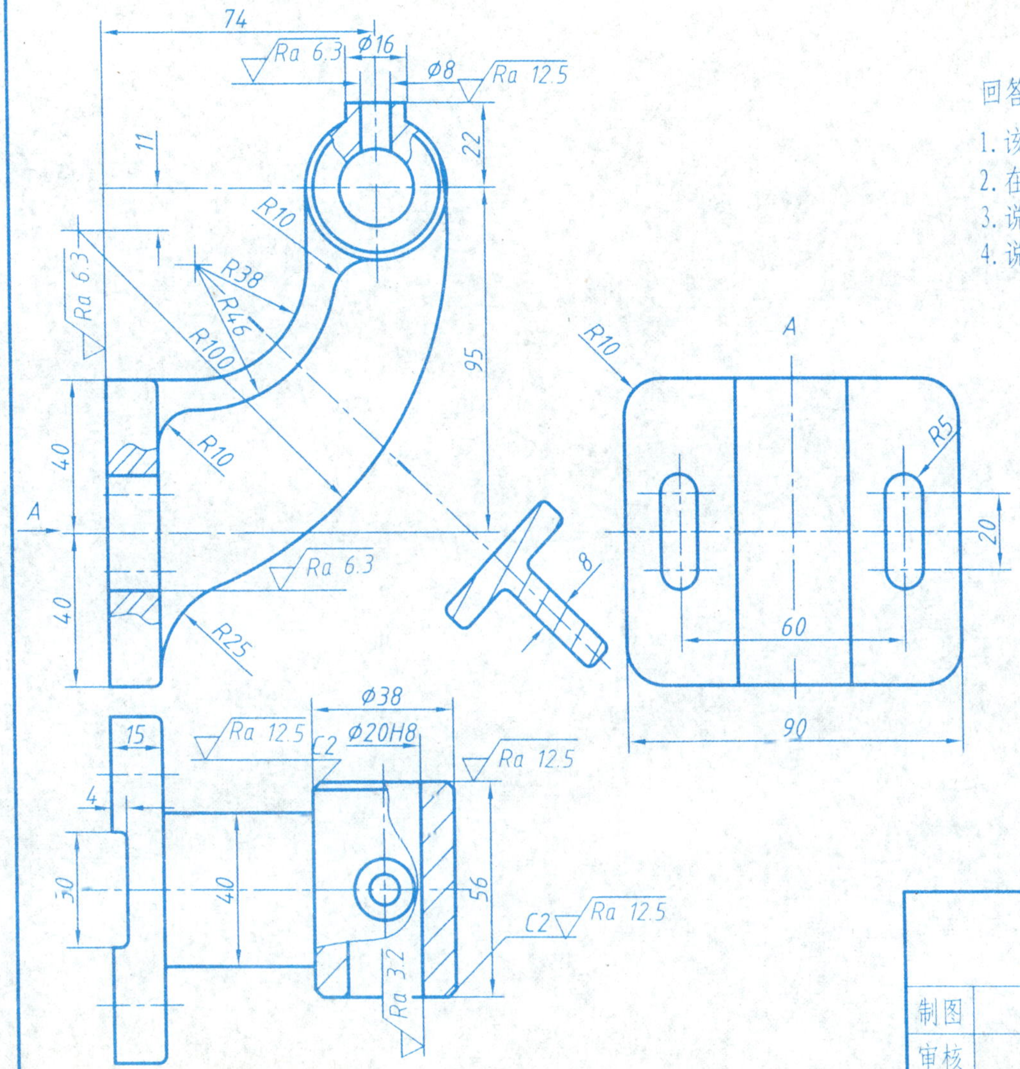

回答问题:

1. 该零件图采用的表达方法有哪些?
2. 在图中标注出该零件图在三个方向的尺寸基准。
3. 说明零件的总体尺寸是多少?
4. 说明图中标注的尺寸φ20H8的含义是什么?

技术要求

1. 未注明的铸造圆角均为R2。
2. 铸件应时效处理，以消除内应力。

脚架		材料	HT150	比例	1:2
		件数		图号	
制图	(日　期)	(校名、班级、学号)			
审核	(日　期)				

8.3 读零件图(续)

4) 读懂底座零件图并回答问题。

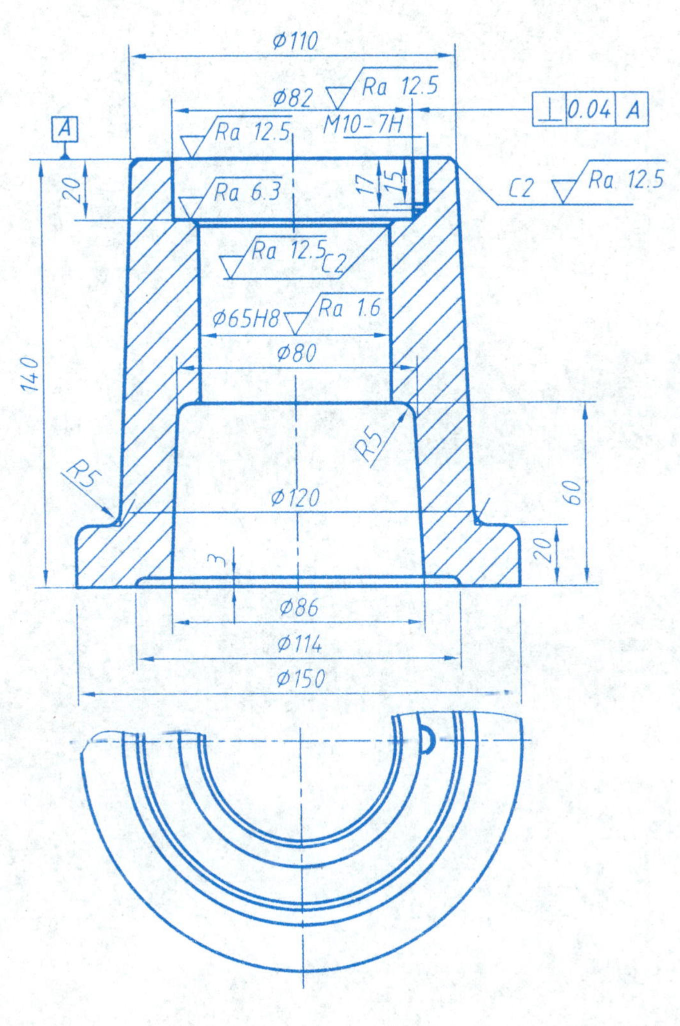

回答问题:

1. 该零件的名称为______,属_____类零件;该零件采用的材料为______ 。
2. 该零件图中采用的表达方法有哪些?
3. 说明主视图中框格 ⊥ 0.04 A 的含义是什么?
4. 说明Ø65H8 的含义是什么?
5. 说明 C2 的含义是什么?

技术要求

1. 未注明的铸造圆角均为R3。
2. 铸件应时效处理,以消除内应力。

底 座		材料	HT200	比例	1:1.5
		件数		图号	
制图	(日 期)	(校名、班级、学号)			
审核	(日 期)				

9.1 根据铣刀头的装配示意图和零件图，拼画铣刀头的装配图

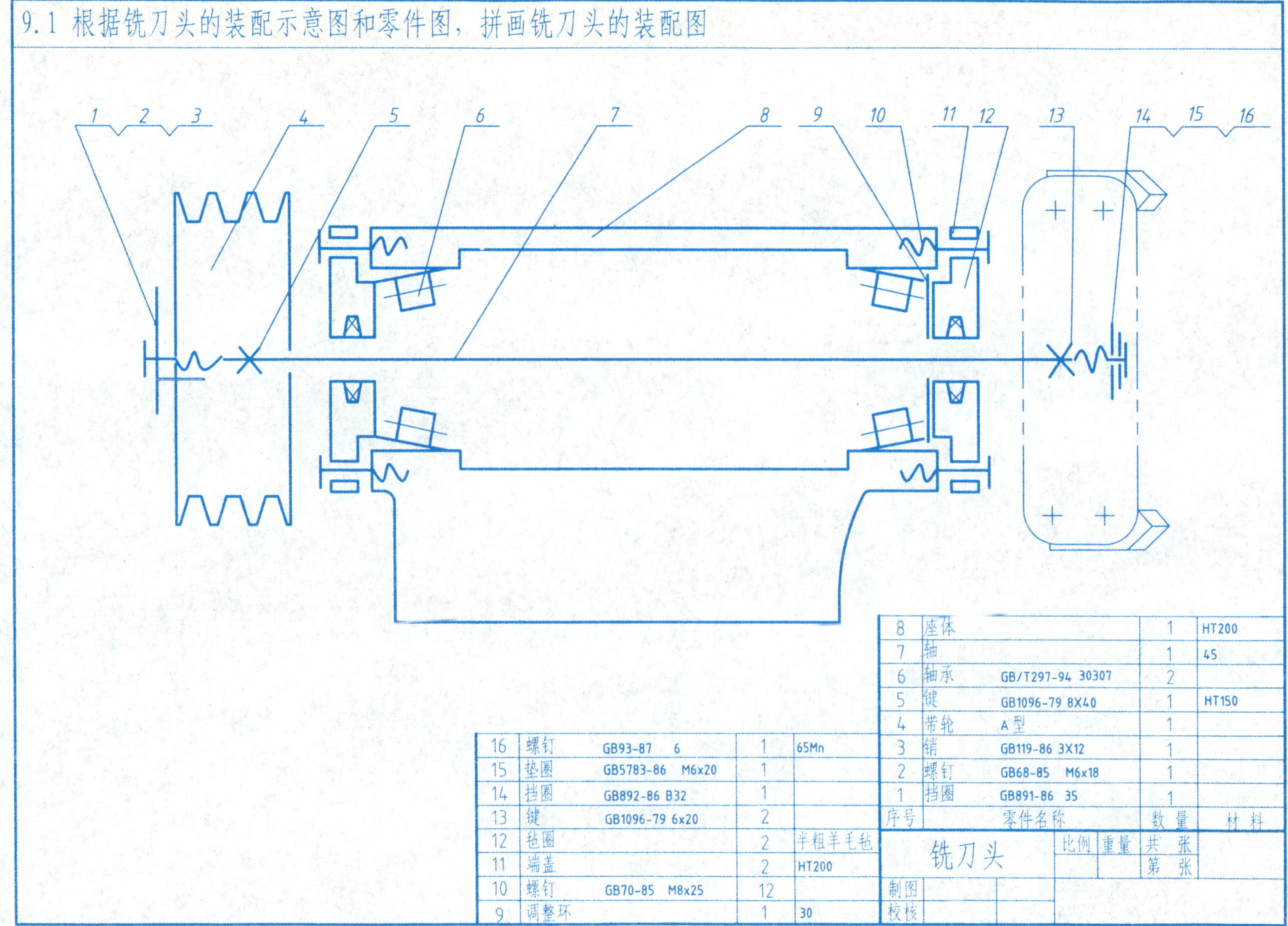

序号	零件名称		数量	材料
16	螺钉	GB93-87　6	1	65Mn
15	垫圈	GB5783-86　M6x20	1	
14	挡圈	GB892-86 B32	1	
13	键	GB1096-79 6x20	2	
12	毡圈		2	半粗羊毛毡
11	端盖		2	HT200
10	螺钉	GB70-85　M8x25	12	
9	调整环		1	30
8	座体		1	HT200
7	轴		1	45
6	轴承	GB/T297-94 30307	2	
5	键	GB1096-79 8X40	1	HT150
4	带轮	A型	1	
3	销	GB119-86 3X12	1	
2	螺钉	GB68-85　M6x18	1	
1	挡圈	GB891-86　35	1	

铣刀头		比例	重量	共　张
				第　张
制图				
校核				

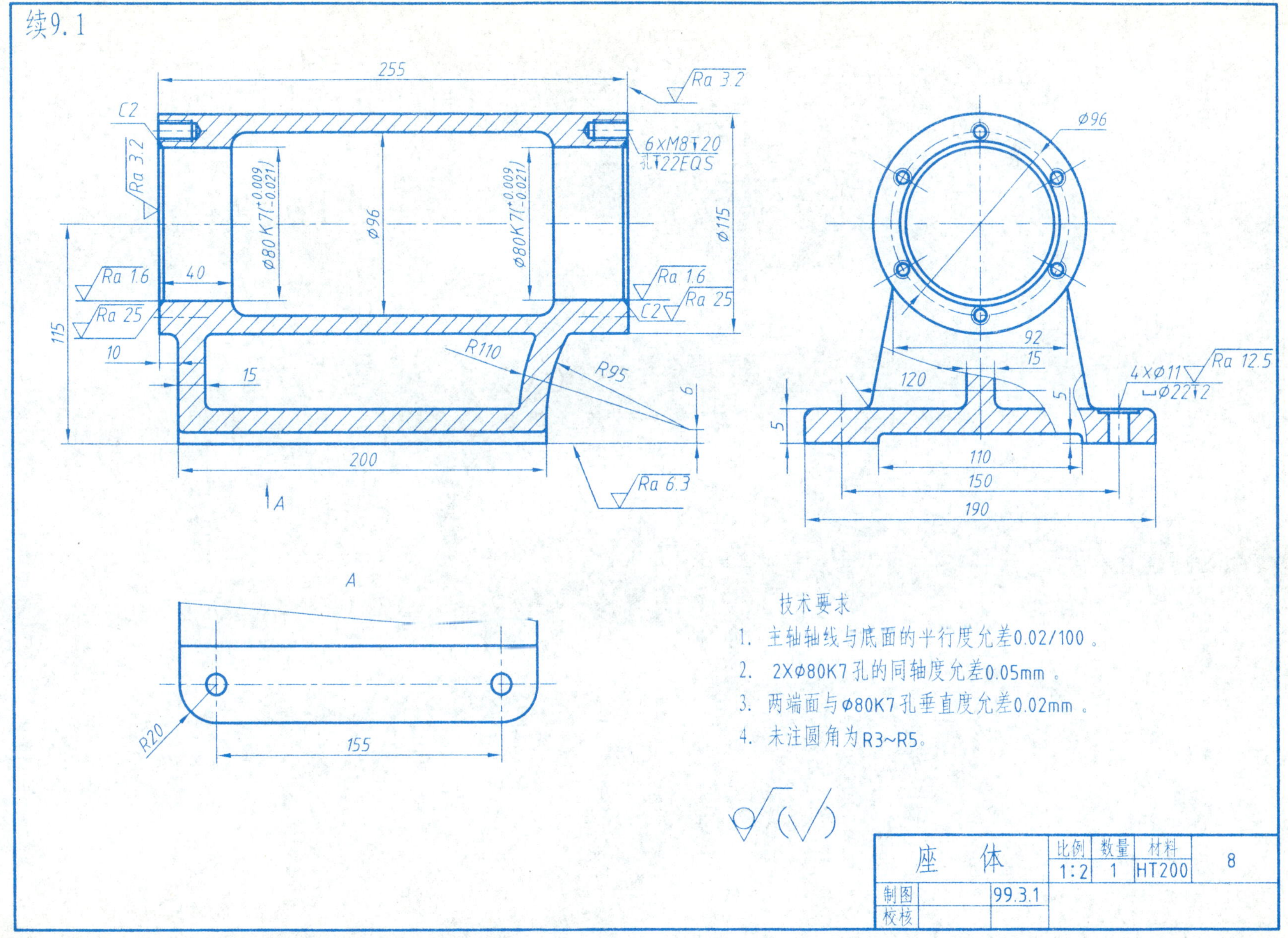
续9.1
255
Ra 3.2
C2
Ra 3.2
6×M8↧20
孔↧22EQS
Ø80K7($^{+0.009}_{-0.021}$)
Ø96
Ø80K7($^{+0.009}_{-0.021}$)
Ø115
Ra 1.6
40
Ra 1.6
Ra 25
C2
Ra 25
115
10
15
R110
R95
6
200
Ra 6.3
A
Ø96
92
15
120
4×Ø11
⌴Ø22↧2
Ra 12.5
5
5
110
150
190
A
R20
155
技术要求
1. 主轴轴线与底面的平行度允差0.02/100。
2. 2XØ80K7孔的同轴度允差0.05mm。
3. 两端面与Ø80K7孔垂直度允差0.02mm。
4. 未注圆角为R3~R5。
座 体
比例 数量 材料
1:2 1 HT200
8
制图 99.3.1
校核

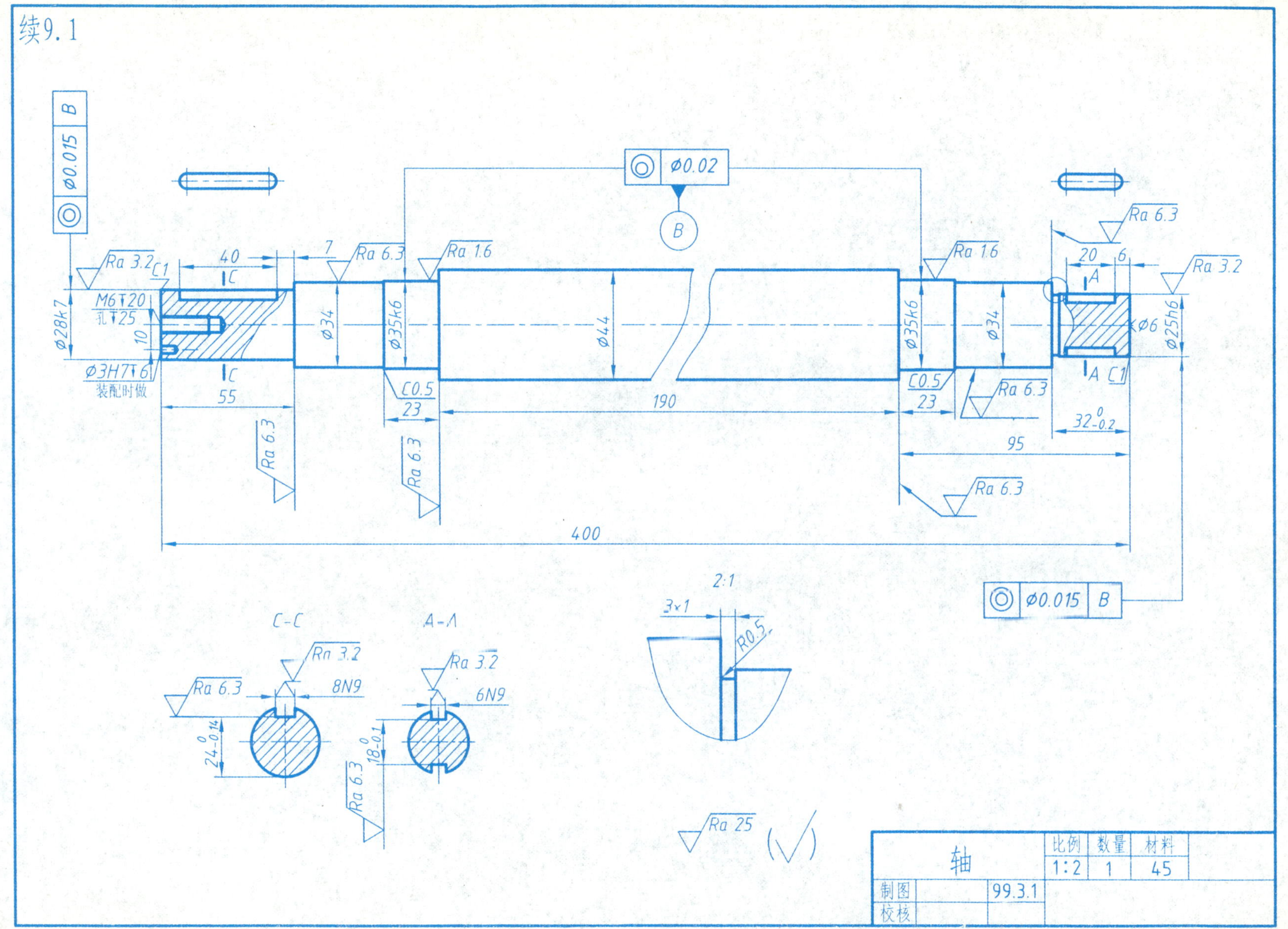

续9.1
B
Ø0.015
Ø0.02
Ra 3.2
C1
40
C
7
Ra 6.3
Ra 1.6
M6↧20
孔↧25
Ø28k7
10
Ø34
Ø35k6
Ø44
Ø3H7↧6
装配时做
55
C0.5
23
190
Ra 6.3
20
6
A
Ø6
Ø25h6
32 0 -0.2
95
400
2:1
3×1
R0.5
C-C
A-A
8N9
6N9
24 0 -0.14
18 0 -0.1
Ra 25
(√)
轴
比例
数量
材料
1:2
1
45
制图
99.3.1
校核

续9.1

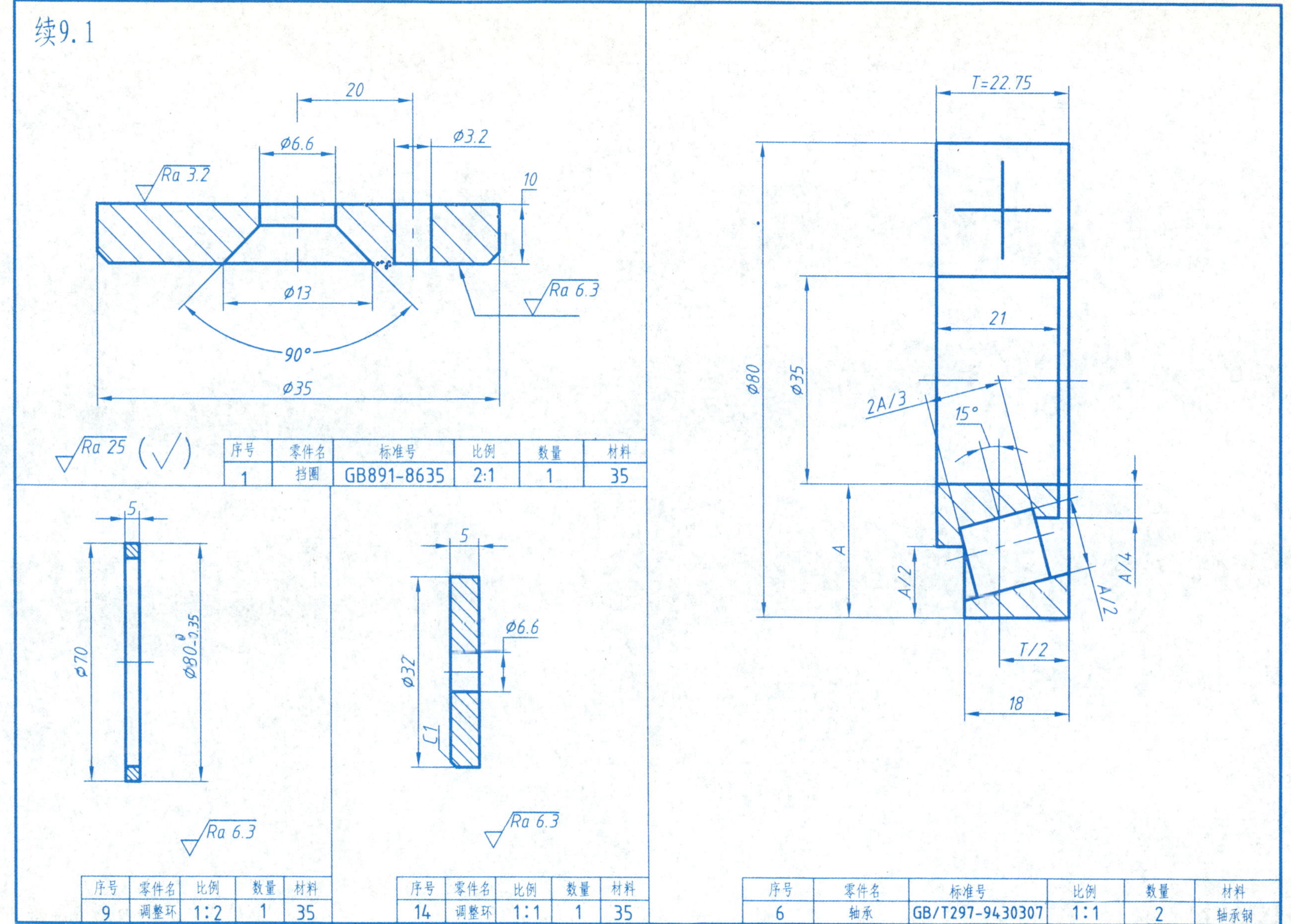

序号	零件名	标准号	比例	数量	材料
1	挡圈	GB891-8635	2:1	1	35

序号	零件名	比例	数量	材料
9	调整环	1:2	1	35

序号	零件名	比例	数量	材料
14	调整环	1:1	1	35

序号	零件名	标准号	比例	数量	材料
6	轴承	GB/T297-9430307	1:1	2	轴承钢

班级　　　　姓名　　　　学号

续9.1
Ra 12.5
10
16
12.5
Ra 3.2
Ra25
20
Ø147
Ø140
C2
Ø56
Ø110
Ra 6.3
13
36°
2
52
56
Ra 3.2
Ra 6.3
Ra 3.2
8
31.3
Ra 3.2
Ø28H8
带轮
比例
数量
材料
1:3
1
HT150
4
制图
校核
续9.1
18
Ra 12.5
5
6×Ø9EQS
Ø15↧6
Ø115
Ø48
Ø35
Ø68
Ø80f6
Ø98
Ra 12.5
2:1
5.5
Ø48
4
13
Ra 25
端　盖
比例
数量
材料
1:3
2
HT200
11
制图
校核

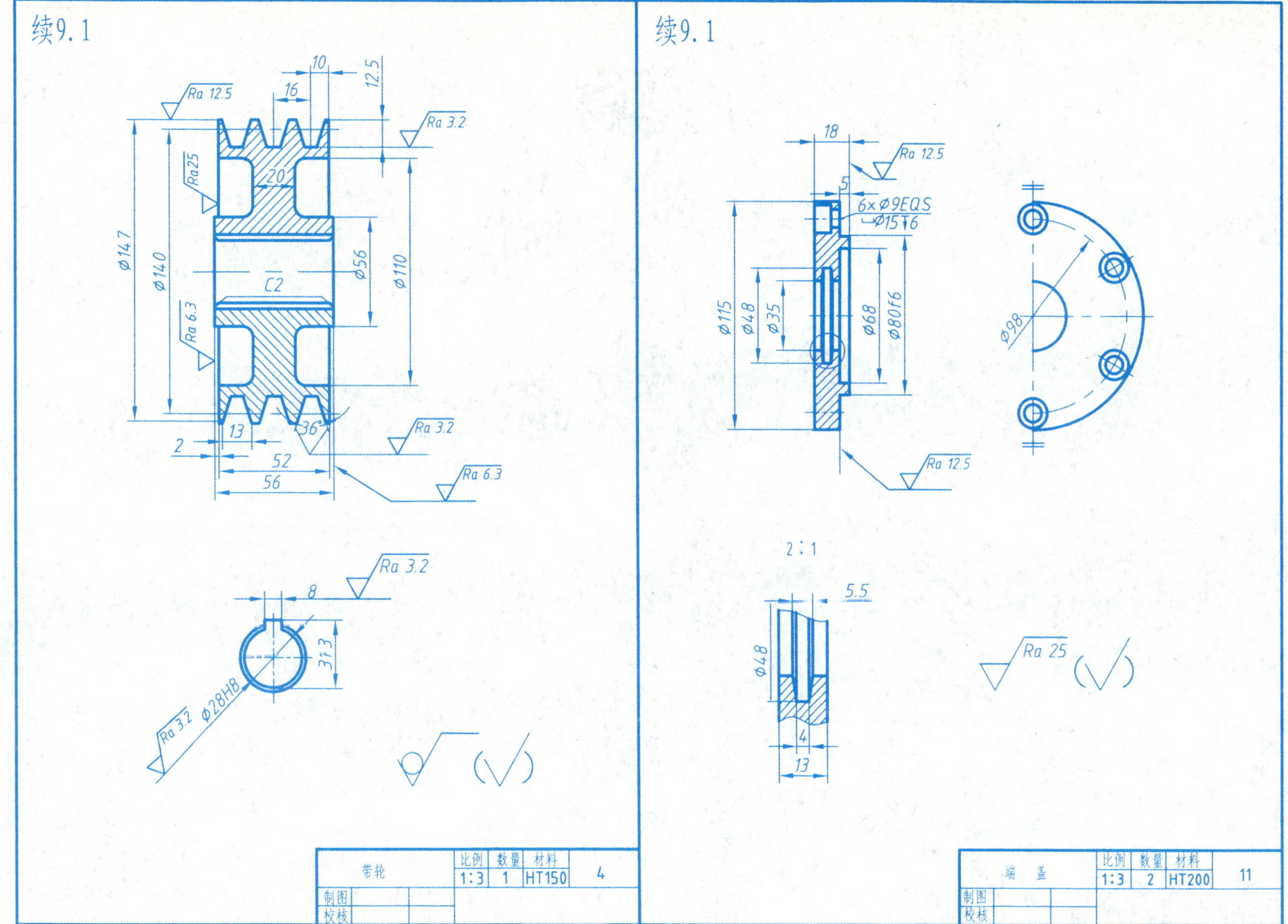

班级　　　　　　姓名　　　　　　学号

10.1 运用基本绘图及编辑命令，按1：1比例绘制下面图形

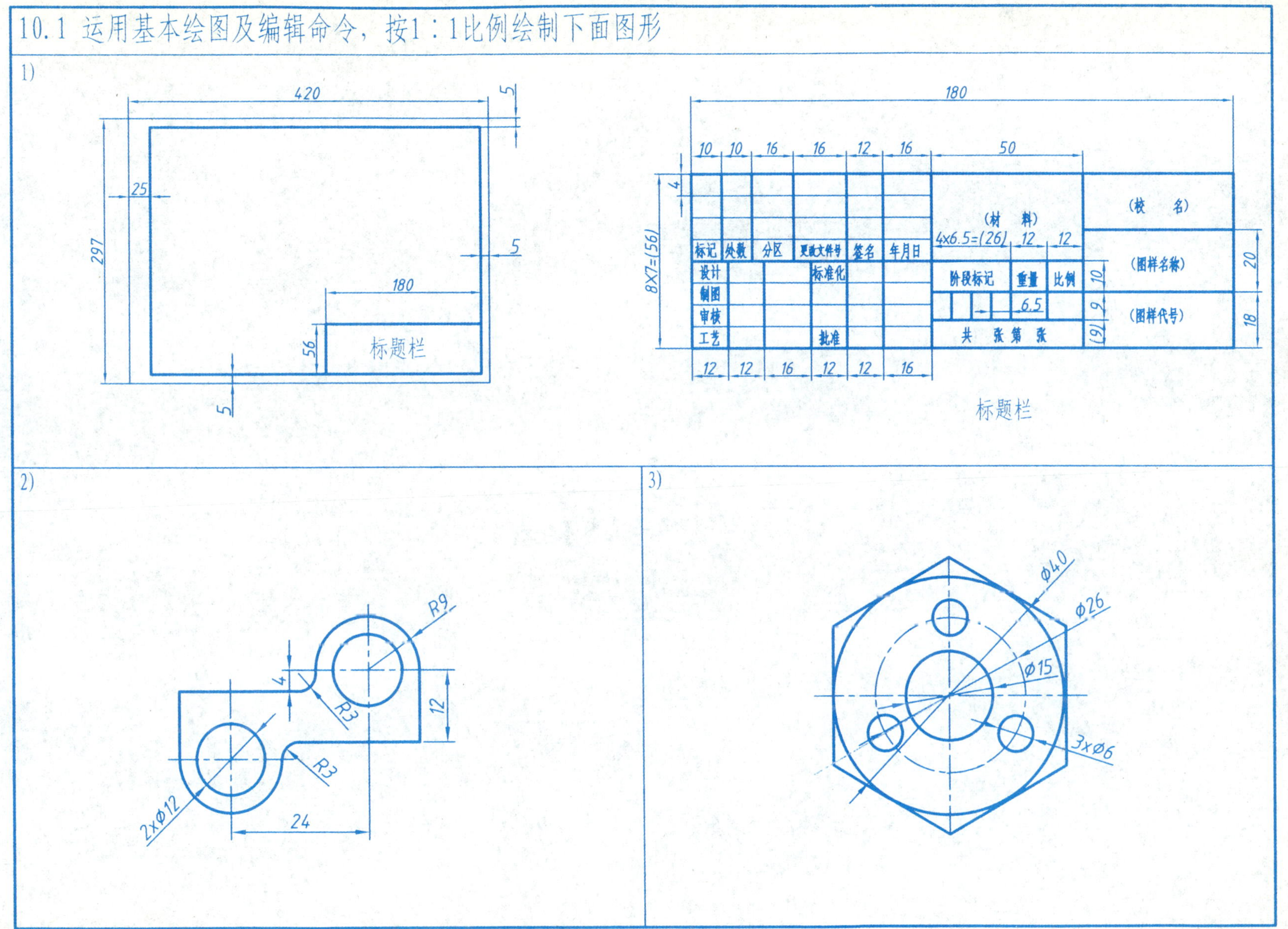

10.1 运用基本绘图及编辑命令，按1∶1比例绘制下面图形(续)

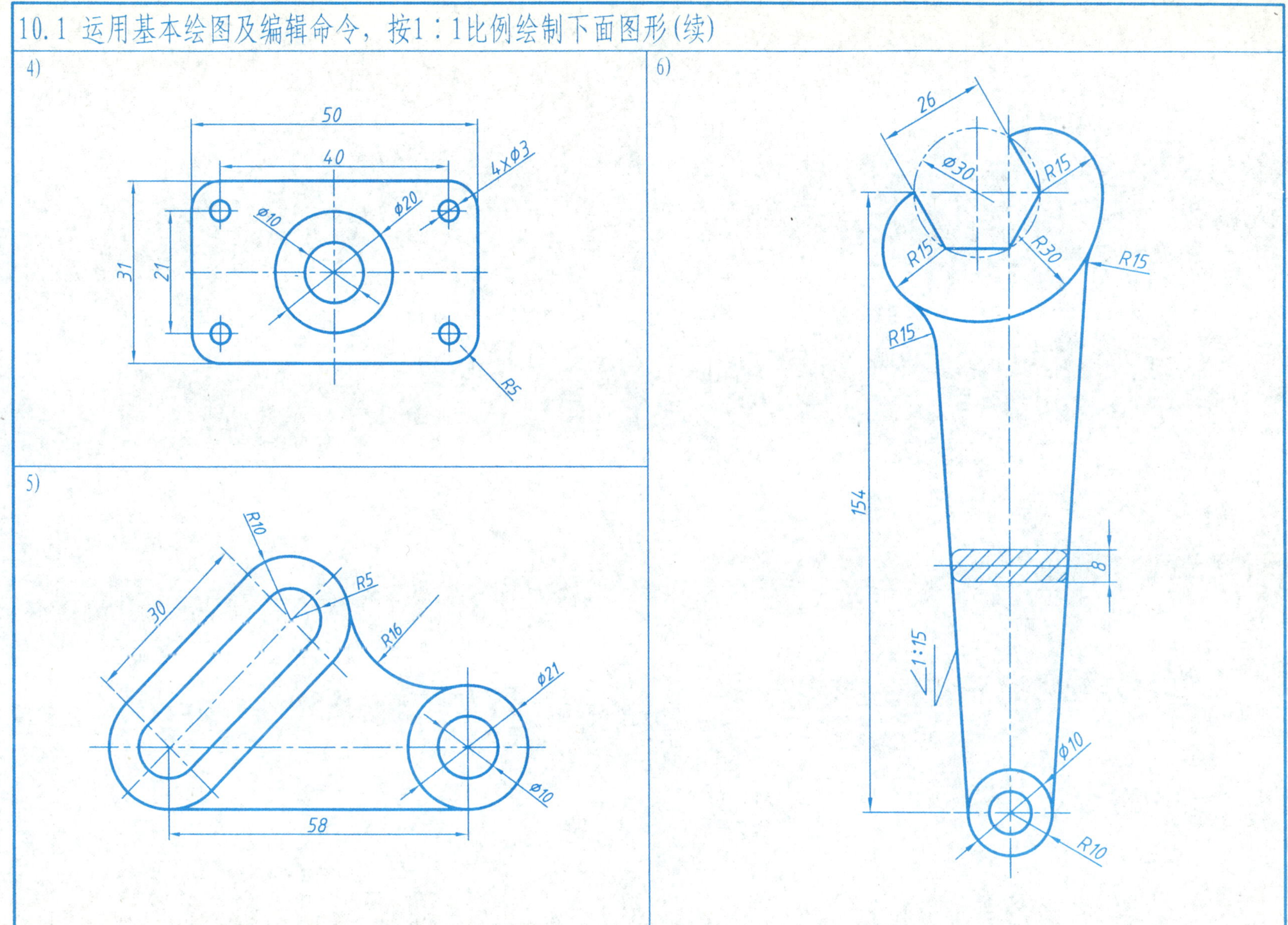

10.2 按1∶1比例绘制下面图形，并标注尺寸

1)

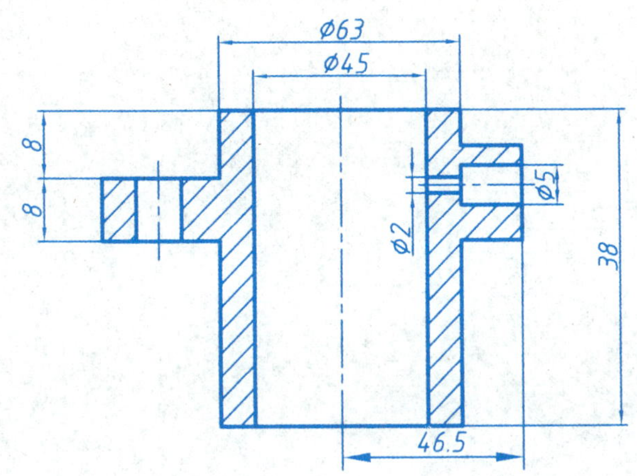

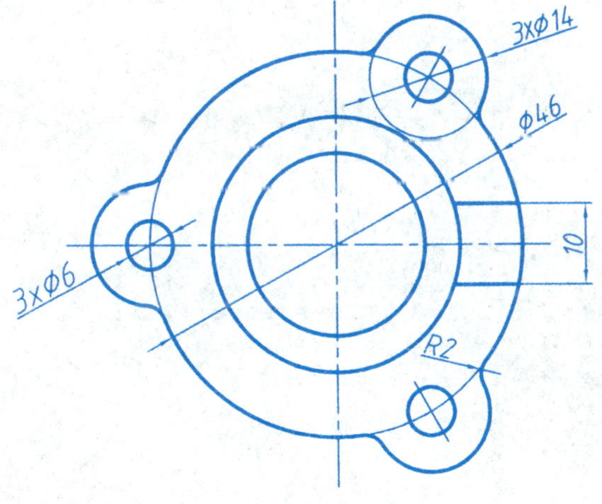

2)

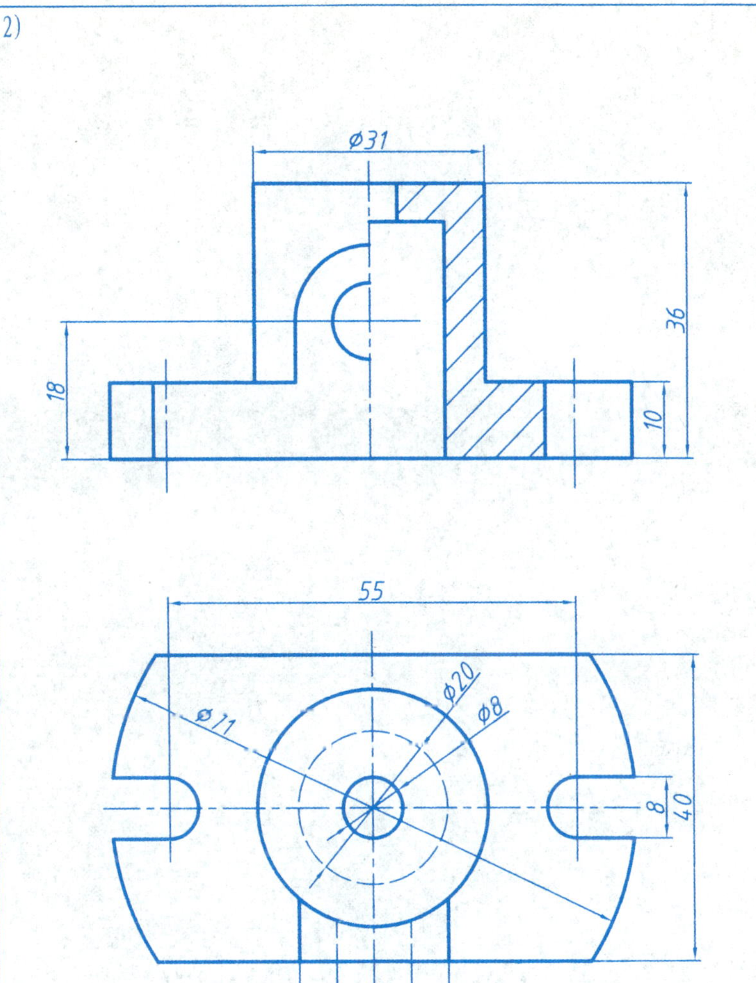

10.3　工程图绘制与编辑

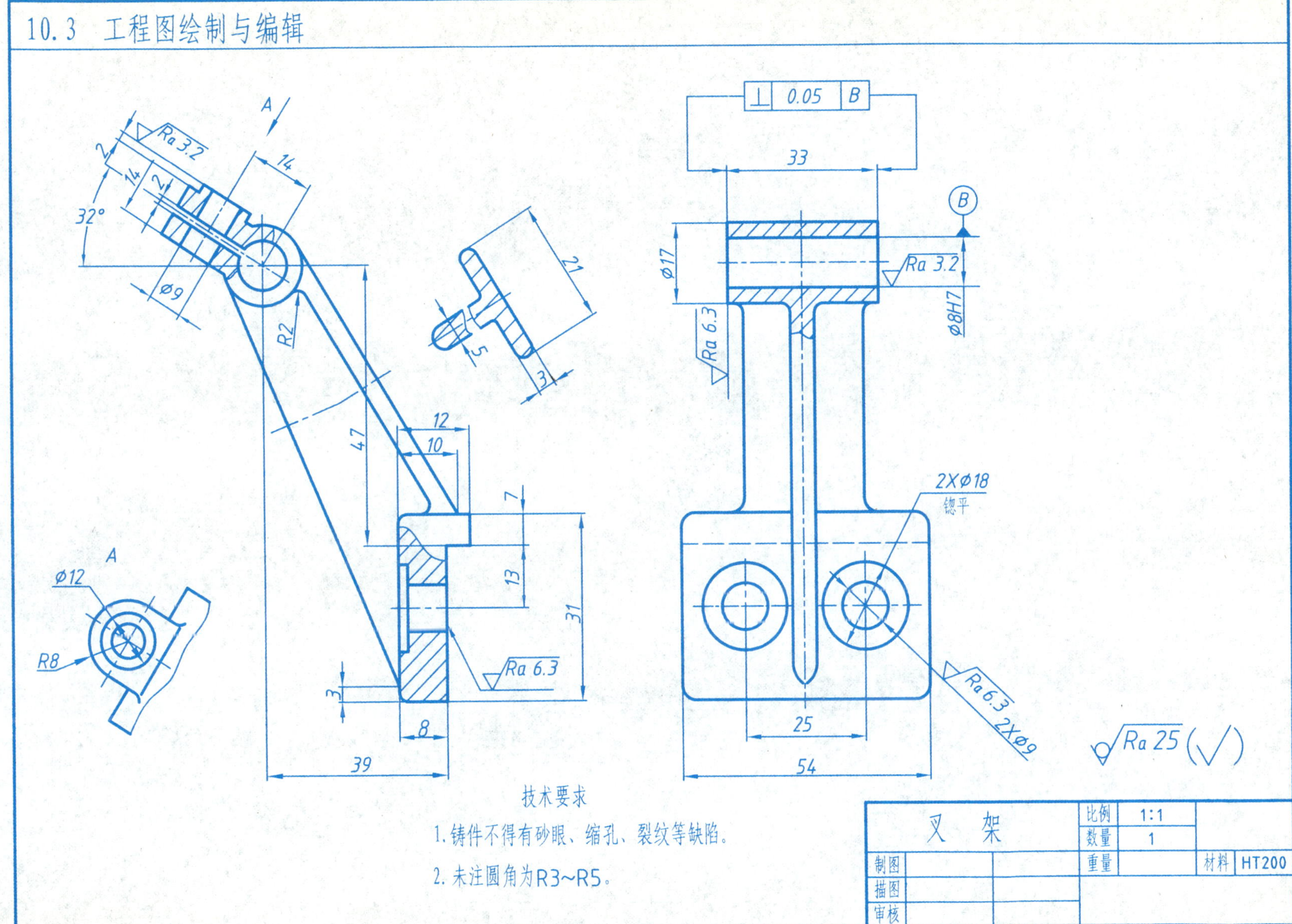